雨の科学

武田喬男

JN179456

講談社学術文庫

はじめに

雲が空をふわふわと漂いながら、その形を様々に変えていく様を見て、日本では昔から、物事が漠然としてとらえどころがないことのたとえとして、「雲をつかむような話」と言ってきました。また、青空が見えていた空に黒い雲が現れ、見る間に空一面を覆うようになり、激しい雨が降ってくることもあり、変化が激しいことを、「雲となり、雨となる」とも言ってきました。

雨は日常見慣れた現象です。そして、お天気雨という言葉はあるものの、誰もが雲から雨が降ってくることをよく知っています。しかし、子供達に、「空からどうしてあんなに雨が降ってくるの?」、「どうして雨は滝のようにつながって落ちてこないで、粒になって落ちてくるの?」、「どうして暑い夏に、雨でなくて、氷でできているひょうが降ってきたりするの?」、あるいは「雲が水滴でできているのだったら、雲はどうして落ちてこないの?」と、改まってたずねられたらどう答えたらよいのか戸惑うのではないでしょうか。

雲や雨は、地球という水惑星を特徴づける大変興味深い現象ですが、常日頃あまりに見慣れた現象であるため、多くの人はそれほど疑問に思うこともないかもしれません。むしろ、昔の人の方が、雨が降ることについていろいろなことを不思議に思い、現在のような観測機器がなくても、こと細かく観察をしていたような気がします。数十年前に、『雨』（岡田武松著）、『降水の物理学』（高橋喜彦著）、『雨の科学』（礒野謙治著）などの優れた書物が出版されています。それらの中には、その頃の雨の科学と共に、昔の人たちが雨という現象をどのように考えていたかも興味深く描かれています。

これらの書物が書かれた時から現代までに、多種多様な科学技術が開発され、雨の科学はさらに進歩し、雨の降り方もかなり正確に予報されるようになりました。雨を理解するには、当然、それが降ってくる雲のことを理解しなくてはなりません。近年の研究の大きな変化は、「雲をつかむような話」とたとえられてきた雲について、ミクロスケールから地球規模までの様々な空間スケールで調べることができるようになったこと、ミクロな現象と地球規模の現象が密接に関わりあっていることが分かってきたことでしょう。特に、リモートセンサーとコンピュータの進歩は、雲や雨を雲のありのままのスケールで「雲をつかむ」ように調べることを可能にしました。

雲や雨の科学の一つの特徴は、1000分の1ミリ前後の非常に小さな現象や過程が大きな働きをしていることです。人工的に雨を降らせる、あるいは人為的に気象を改変させることは気象学の一つの夢でしたが、雲と雨のミクロな物理は、二〇世紀半ば頃からは人工降雨の科学的な基礎としても発展してきました。それらの研究は、主に、関連する過程の室内実験、雲の中の航空機観測などにより行われていました。一方、強雨、集中豪雨、豪雪、雷、ひょう、竜巻、陣風、突風、あるいは台風など激しい大気現象は、毎年地球上の各地で甚大な災害をもたらしています。これらの現象は、非常に発達した雲に関係するものです。雲と雨の科学の一部は、このような自然災害の予報と防止を大きな目標として発展してきました。それらの研究では、特に、レーダというリモートセンサーが大変有力な観測手段でした。

雲や雨の科学を飛躍的に発達させたものはコンピュータの進歩でした。雲がつくられ、それから雨が降ってくる現象は、ミクロな物理と気流の力学などが複雑にからみあった現象です。そのように複雑な相互作用を雲全体で調べることは、大掛かりな数値計算を高速に行うことができるコンピュータがあって初めて可能なことです。つまり、「雲をつかむ研究」は、一つには、コンピュータを用いた雲の数値シミュレーションにより可能になったわけです。

もう一つの大きな進歩は、人工衛星による雲や降水の観測です。気象の観測の多くは自分を中心として周りを観るものでした。人工衛星による気象観測が始まってから、まだせいぜい20年ですが、それは雲の観測を大きく変えました。集中豪雨をもたらす雲群はさしわたし数百キロにも及ぶ大きなもので、従来の手段ではその全貌を把握することができませんでした。しかし、人工衛星を用いれば豪雨が起こるかなり前からその雲群の全体を観ることができます。また、自分がいる場所から遠く離れた地域の雲も、リアルタイムで観ることができます。これまでも、世界各地の雨は地域により気候域によりいろいろと異なり、それに伴い生活、習慣などが異なることは知られていました。今は、それらの雨をもたらす各地域の雲の変化をリアルタイムで比較することもできます。いわゆるグローバルな視点を誰もが自然にとれるようになりました。

複雑な地球の自然を理解する際、しばしば個々のプロセスに分解してそれらを理解することにより、それらの組み合わせとして全体を理解しようとします。しかし、現象を丸ごと観て理解していく立場も大切です。それは生物の理解には、遺伝子科学にもとづく理解と同時に、動物行動学のような全体的な理解が必要なのと同じです。人工衛星による雲の観測は広範囲の雲の姿をありのままに観ることを可能にしました。まさに、「丸ごと理解」を雲や雨の科学でも可能にしたということができます。

現在、地球環境問題を大きな契機として地球環境の科学が急速に発展していますが、そこでは、地球規模の自然環境の維持において微生物、微量な気体成分などが大切な働きをしていることが明らかにされています。同じように、雲、雨のミクロな物理もまた地球規模の現象において重要な働きをしています。
この本では、ミクロスケールから地球規模まで、様々な空間スケールで雨をとらえながら、新しい知識もまじえて、地球の自然環境にとっても大切な雨という現象の面白さを示していきたいと考えています。Ⅰ　地球に降る雨のミクロな特徴、Ⅱ　雲の組織化、Ⅲ　雨の気候学は、それぞれが別々の科学なのではなく、互いに密接に関係しながら、そのいずれもが地球上の雲と雨を理解していく上では大変大事なものです。この本を読んで、地球上の雨の面白さ、大切さに改めて関心をもって頂けたら幸いです。

私は、二〇〇二年八月から愛知医科大学血液内科に入院していました。一時退院がありましたが、この本の原稿は一年に及ぶ入院生活の間に、毎日、病室の窓から空の雲を眺めながら少しずつ書き下ろしたものです。私の病気に対して行きとどいた治療と看護をしてくださると共に、この原稿の執筆を励ましてくださった血液内科の坪井一哉先生、高木繁先生、伊藤公人先生、そしてナース・ステーションの方々に心から感謝いたします。

二〇〇三年九月

武田喬男

目次

雨の科学

I

地球に降る雨のミクロな特徴

地球上の自然現象の多くは地球であるからこそ起こるものですし、地球を理解するためには、必ずしも地球規模で現象を観たり調べたりする必要はなく、日常、身のまわりで起こる自然現象からでも地球を理解することができます。雨についてもそうです。雨のミクロな特徴を知ることは、地球の自然のおもしろさ、不思議さを知ることなのです。

第1章　雨粒の形と大きさ

空から落ちてくる雨粒はどのような形をしているのですか？　とたずねられたら、皆さんはどのように答えますか？　毎秒数メートルの速さで落ちてくる雨粒は、通常は糸を引くようにしか見えず、特殊な装置を使って観察しない限りその形を観ることはできません。それでも、よく絵本などに画いてあるように、らっきょうのような形と想像する人もいるでしょうし、水滴としての性質上、球形をしているはずだと考える人もいるでしょう。しかし、小さめの雨粒は球形であっても、少し大きい雨粒は下面が平らなまんじゅうの形をして落ちてくるときいたら、驚くのではないのでしょうか。

球形の雨粒

高速度撮影カメラなど特殊な装置がなくても、昔の人は自然の現象を観察して雨粒の形を推察していました。そのような現象のひとつが、皆さんもよくみるあの美しい虹です。虹は屈折しながら水滴に入射した光が水滴の内面で反射され、また屈折しながら水滴から出てくる中でプリズムのように色が分けられることによって形成されます（図1・1）。この水滴は球形です。つまり、昔の人々は、虹を観察しその原理を理解することにより、雨粒が球形をしていることを推察していたのです。驚くべきことに、落ちてくる雨粒が光を受けてちかちかと短い時間間隔で光る様子を見て、雨粒が縦に伸びたり横に伸びたりしながら落ちてくることまで知っていたのです。

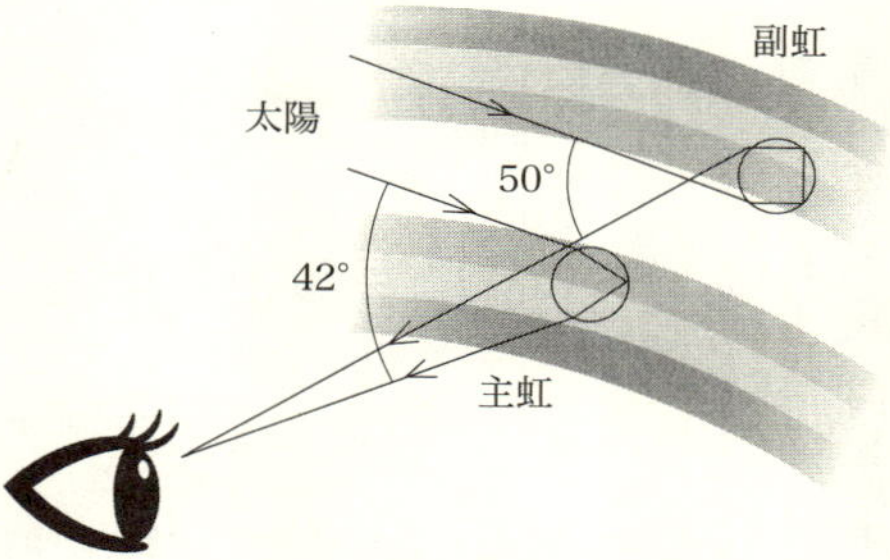

図1.1　虹の原理　球状の雨粒に太陽光が入ると、屈折と反射が起こり、白色の太陽光がいろいろな色に分かれる。主虹の外側にある副虹では、色の配列が主虹とは逆になる

雨粒が落ちる速さ

普通半径が0・1ミリ以上の水滴が雨粒とよばれます。その理由は、この大きさ以上になると、落下速度が雲の中を上昇する空気の速さよりも大きくなるため雲から落ち始めることと、落ちてくる間に雲の下で蒸発して消えてしまうことが少なくなるからです。

宇宙の無重力実験で、かなり大きな水滴が球形で浮かんでいるのを写真やテレビでみた人もいると思います。液体である水滴は、構成している水分子が互いに

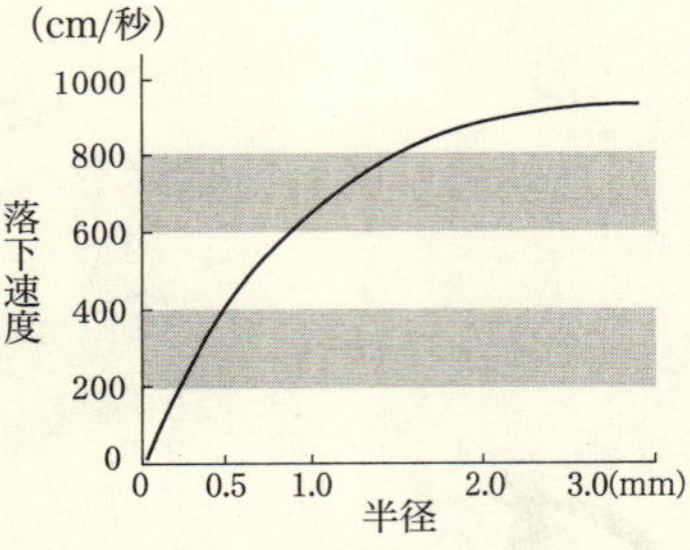

図1.2 雨粒の落下速度 横軸の半径は、雨粒を球形とした時の半径

引っ張り合う力（表面張力）の結果として、少しでも表面積を小さくしようとして球の形を保とうとします。しかし、空気中を落下してくる雨粒には、下向きに地球が引っ張る力である重力と上向きの空気の抵抗力が働き、どの大きさの雨粒もこれら二つの力がつりあった状態で落ちてきます。この速さを終端落下速度と言います。図1・2に雨粒の大きさと終端落下速度の関係を示します。重力は重さのことですから、雨粒が大きくなれば、当然、雨粒を引っ張る重力も大きくなるはずです。つまり、速さも大きくなっていそうですが、面白いことに、終端落下速度は雨粒がある程度以上大きくなると、毎秒約9メートルと、ほぼ同じ速さになっています。言いかえると、同じ落下速度でも、大きい雨粒ほど抵抗力が大きいというわけです。実は雨粒が大きくなると、空気の抵抗力を受ける中で表面張力では球形を保てなくなり、下面が平らなまんじゅうの形がますます変形してしまうのです。

　空気中を落下してくるものは、空気からの抵抗力が大きくなるような姿勢を保ちながら落ちてくる性質があります。大きな雨粒も同じで、まんじゅうの形をほぼ水平に保ちながら落ちてきます。決して、らっきょうのような形で落ちてくるのではありません。それにしても、毎秒約9メートルの速さで落ちてくるのですから、人間の眼でまんじゅうの形を見分けることは実際にはできませんね。

雨粒の分裂

図1・2で、半径3ミリ（まんじゅうの形の雨粒と同じ体積の球の半径）以上の雨粒が示されていないことに注意してください。実は、地球上では無重力実験でみられるような半径3ミリ以上の大きな雨粒が降ることはほとんどありません。以前、豪雨についてのテレビの実況レポートでピンポン玉のように大きな雨粒が降ってきますと言っていましたが、そういうことはありません。まんじゅうの形をして落ちてくる大きな雨粒は、更に大きくなるとより平べったくなり、その形も保てなくなって、図1・3にみられるように王冠状になり、ついには分裂してしまいます。この時、雨粒は多数の小さい水滴に分かれますが、王冠のへりにあたるところはやや大きめの水滴に分かれ、冠状に覆っている水膜は小さい水滴に分かれる傾向にあります。このような雨粒の分裂は、地球の引力のもとに高速で落ちてくる雨粒が、空気の粘性や密度に関係する抵抗力を受ける中で、水の表面張力の強さにも依存した変形の結果として起こるわけですから、半径3ミリ近くになると分裂する、あるいは半径3ミリ以上の雨

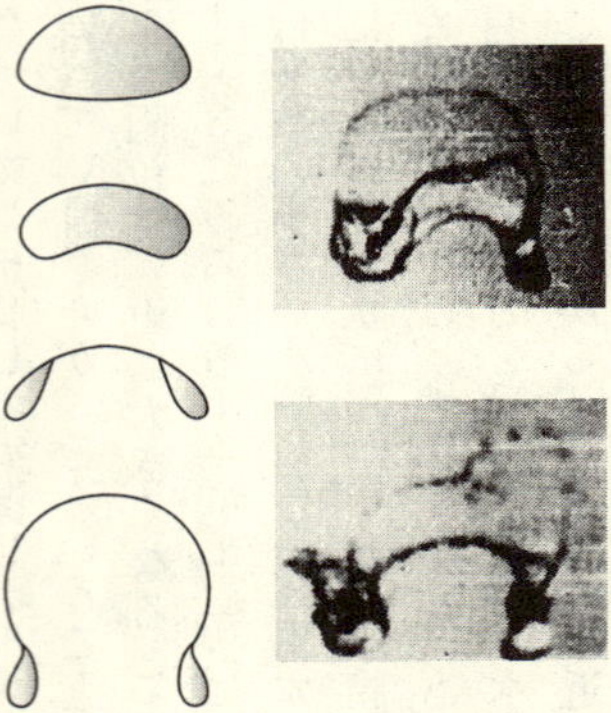

図1.3　落下する大きな雨粒の形の変化　写真は雨粒が分裂する前と後の形を示している

粒は存在しないということは、まさに地球上の雨の特徴です。

　雨粒の分裂は、半径2・5ミリ以上になると起こるようになり、雨粒が大きくなるにつれてその確率が高くなります。落下してくる雨粒のまわりにはさまざまな空気の乱れがあり、それに応答して雨粒の形がいろいろと変形します。分裂の確率はそのような空気の乱れにも関係していると考えられます。大きな雨粒が分裂して多数の水滴に分かれ、それらも雨の一部として降ってくるのですが、雨が降るという現象は、それだけで終わらないことが面白いところです。

　後の章で詳しく述べますが、小さな雲粒で構成されている雲から効率よく早く雨が降るためには、ある程度以上に大きな水滴が雲の中に存在することが必要です。大きな雨粒が分裂してできた多数の小さな水滴が再び雲の中に入っていくならば、それらをもとに雲の中で効率よく雨粒ができることになります。このような雨の降り方を連鎖反応と言います。分裂するような大きな雨粒がつくられること、分裂の結果できた多数の水滴が上昇する空気と共に再び雲の中に、あるいは隣の雲の中に入っていくことなどの条件が整えば、まるで鎖がつながっているように次々と雨が効率よくつくられていく反応が起こるということです。台風の目の壁付近では雲がぎっしりと並び、大きな雨粒を伴って激しく雨が降っていますが、雨滴形成の連鎖反応が起こっていると考えられます。

垂直風洞

「雨粒が分裂する様子はどのようにして分かるのだろうか？」と、不思議に思うかも知れませんね。空から落ちてくる雨粒にフラッシュライトをあてて高速度撮影をすれば原理的には観察できるはずですが、分裂する瞬間を観察できるチャンスはあまりに少なく、偶然にまかすようではとてもサイエンスにはなりません。実際は、垂直風洞と呼ばれる装置を使って水滴を人工的に空気中に浮かせることにより調べています。図1・4にその装置の概要を示しますが、原理は簡単なもので、経費もそれほどかかりません。実は、私が名古屋大学の研究室に助手として勤め始めた時、研究室ではこの装置を作り、雨粒の分裂の実験を始めていたところでした。垂直風洞の下から雨粒の落下速度と同じ速さの風をポンプなどにより吹き上げさせるだけです。観察しようとする雨粒の大きさ（落下速度）に応じて風の速さを適当に変えます。技術的に難し

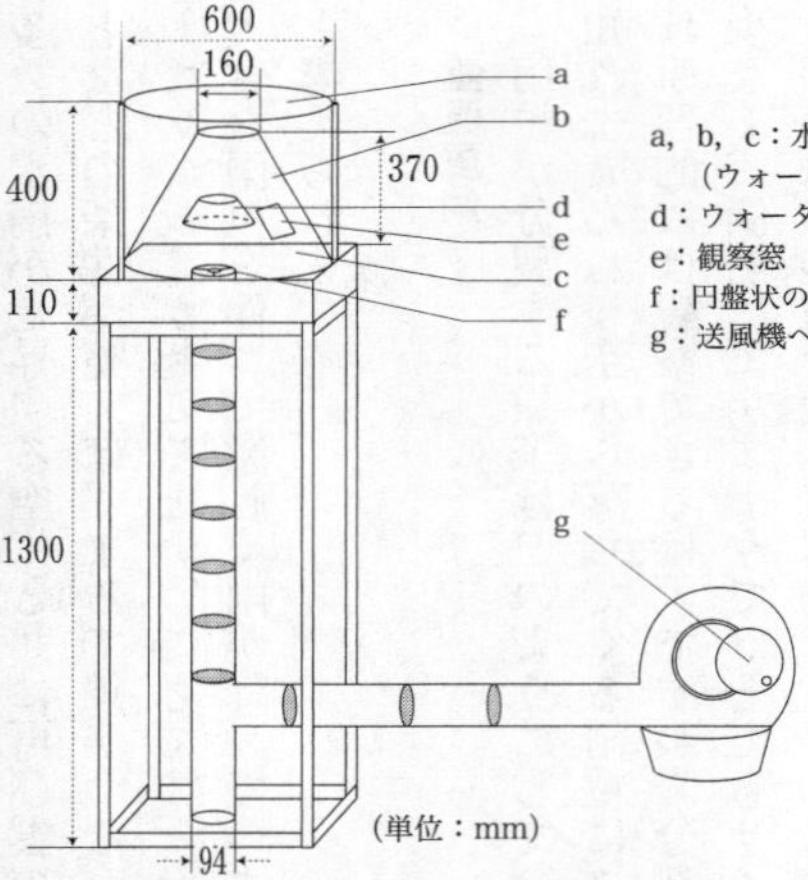

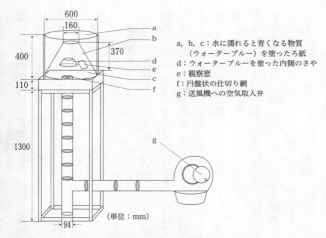

図１.４　垂直風洞　雨粒の落下速度と同じ速さの風を下から送り、雨粒を浮かせる。駒林・権田・礒野（1969）による

いことは、吹き上げる風の中にできるかぎり乱れがないように、下にスクリーンなどをおいて風の流れをなめらかにすることと、雨粒を観察し易いように、上向きの風の速さを水平方向に少し変えて雨粒を風洞の真中あたりに浮かせることです。浮かんでいる雨粒の形の変化などを高速度撮影し、後で低速度で映せば、分裂する状況も詳しく観察できるわけです。

この垂直風洞を使うことで、浮かんでいる（落ちている）雨粒の形、分裂するときの形の変化、雨粒の大きさと分裂する確率との関係も調べられますし、風洞の上の方にろ紙などを広げておいて下からぶつかってくる水滴を集めれば、分裂の結果どのような大きさの水滴がいくつできるかもわかります。前にも少し触れましたが、雨粒が分裂する確率、分裂によりつくられる水滴の大きさと数の分布（粒径分布）は、雲の中で雨粒がつくられていく過程を調べる上でも大切なことです。ドイツ、アメリカなどには大きくて性能のよい垂直風洞があり、雨粒の分裂の実験がこと細かくできるだけではなく、浮かんでいる（落ちてくる）雨粒の表面や内部の流れという大変面白いテーマも研究することができるようになっています。

雨粒の分裂だけではありません。雲の中で雨粒、ひょう、あられ、雪結晶などが成長するのは、全てそれらの粒子が空気中を落下しながら起こる現象です。雲の中でそれらが落下し、成長する状況をじっくり観察するのは不可能です。垂直風洞は、観察の目的にあわせていろいろと装置に工夫をこらすことにより、雨や雪の研究においてさまざまな用途に使われています。

空気中を落ちてくる雨粒の形を実際に観察することはできませんが、昔から多くの人々がらっきょうのような形を思い浮かべてきたのは、考えてみると面白いことです。水道の蛇口の先から水滴が落ちるところを見て、そのように考えたのかも知れません。病院のベッドで点滴の液滴がぽつんぽつんと落ちてくるのを眺めていると、落ち始めはらっきょうのような形をしているのは確かです。しかし、雨粒はまんじゅうの形をして落ちてくると言っても、絵本などではまんじゅうの形で落ちてくる雨粒は画けませんね。やはりらっきょう形の雨粒でないと雨という絵にはなりません。

雨粒の温度

個々の雨粒が持つ性質として温度があります。そのことにも触れておきましょう。これまでに何度か雨粒の温度は何度くらいなのですか、あるいは雨粒の温度はどのようにして決まるのですかと聞かれたことがあります。皆さんも雨に濡れて妙に寒くなる経験をしたことがあるでしょう。一般に、気温は上空に行くほど低くなります。雨粒は上空から、つまり気温の低いところから落ちてくるのですから、冷たいのは当たり前のように考えられるかも知れません。しかし、地上近くの暖かい空気の中も通って落ちてくるのですから、その空気の温度になじんで温まってくるはずです。実際には、雨粒の温度はもう少し複雑な決まり方をしています。

今でも、学校、家庭で乾湿計という温度計が使われています。これは、根元がむき出しのままの乾球温度計と根元を水に濡らしたガーゼなどで覆った湿球温度計からなり、気温のみでなく湿度も測定することができます。湿度が低いほど湿球温度は乾球温度より低くなりますので、この差を利用して湿度を知ることができるわけです。夏に庭に水をまくと涼しくなるように、水が蒸発するためには多量の熱が必要なため

(空気から熱を奪う)、蒸発する水の温度は下がり、その周りの空気の温度も下がります。乾湿計の湿球は、水が蒸発することで冷やされた分だけ乾球よりも温度が低くなるので、湿度が低いほど湿球の温度がより低く下がるわけです。雨粒の温度はこの湿球の温度とほぼ同じ原理で決まっています。おおざっぱに言うと、雨粒の温度は地上近くの空気に対応する湿球の温度と大体同じであり、湿度が低いほどより低くなるということができます。雨粒は次々と違う温度と湿度の空気を通ってきますし、大きい雨粒ほどその場所の空気の湿球温度からのずれが大きくなりますが、いずれにしても、雨粒の温度は地上の気温よりかなり低くなるわけです。雨に濡れた身体からはさらに水が蒸発するのですから、雨にうたれると寒くなるのは当たり前ですね。

私が大学院学生時代に初めて出した研究論文は、雲から落ちてくる雨粒は集団としてどの位蒸発するか、というものでした。その目的は、人工降雨で雲から雨を降らした時、雲の下の蒸発により雨はどの位少なくなるかを数値計算により知ることでした。その計算では、落ちてくる個々の雨粒の温度が上記のような過程で決まってくることを正確に知ることが大切なのですが、この計算は大変複雑なもので、その頃の最大のコンピュータを使っても正確にはなかなか計算できませんでした。自然の雨粒の全てがミクロな物理過程の結果としてそれぞれが本来もつべき温度を示しているのに、いざそれを計算してみようと思うと、それは至難のわざなのです。

ここでは蒸発する雨粒の温度のことを述べましたが、雨が降る前に雲の中で雲粒が成長していく過程、雪結晶が大きくなっていく過程、そして雪が融けていく過程でも、雲粒、雪結晶、雪の温度は大変重要な役割を持っています。しかし、それらを正しく計算してみようとすると、それは大変複雑で膨大な計算になってしまいます。

第2章　雨の強さと雨粒の大きさ分布

雨の強さ

雨の強さは、気象学的には強雨、並雨、弱雨などとよばれますが、地球上の各地域の雨の強さ、降り方はその地域の文化にかなり影響を与えています。この本の中のあちこちで、日本での雨の降り方は地球上でもかなり特殊なものであることを述べますが、その一つの顕れは傘の文化です。日本にいると、雨が降れば傘をさすことはごく当たり前のことのように思えますが、世界の国々では決してそうではありません。ある国ではスコールとかシャワーのような非常に強い雨が短時間に降りますが、そういう雨はあまりに強すぎて傘をさしても意味がなく、どこかで雨宿りをして、雨が通り過ぎ、降り止むのを待つ方がずっと簡単です。また、弱い雨がしとしとと長時間降り続ける国では、傘をわざわざさすこともなく、コートを着て帽子でもかぶって歩いていれば十分です。もちろん、日本にもこういった雨は降りますが、弱い雨が長時間降る中でも時々強い雨が降りますし、傘もさせないほどの強さではないにしても、かなり強い雨が1時間以上も降ると、雨宿りをして待てばよいというわけにはいきません。私も、若い頃初めて海外に行った時、雨の中を傘もささずに平気で歩いている人が多いことにずいぶん驚いたものです。もっとも、最近は、世界的に傘もおしゃれの一部であることが多くなり、雨の降り方との関係もあいまいになってきたようです。

　降った雨の量は何ミリといいますが、これは、1平方センチの面積に降った雨の水の深さを意味します。10分間に降った雨水の深さならば10分間雨量、1時間に降った雨水の深さならば1時間雨量です。それに対して、雨の強さは、10分間あるいは30分間に降った雨の量を用いて、同じ降り方が続いたならば1時間に何ミリ降るのかという表し方（ミリ／時間）をします。つまり、正確に言うならば、10分間、30分間の平均的な雨の強さというわけです。最近では、1分間に降る雨の量を1時間あたりの雨量に換算したものを、雨の強さということが多くなりました。非常に強い雨の代表的な強さとして、よく１００ミリ／時間もの雨が降ったといわれます。普通にはなかなか経験できないことですが、この強さで雨が1時間降り続くということ（1時間に１００ミリの雨が降るといってもよい）は、バケツの水を1時間浴びせかけられっぱなしのようなもので、大変な雨です。１００ミリ／時間以上の強さの雨が1時間以上降り続いた時、あまりのすごさにお年寄りが心臓麻痺で亡くなったというニュースもありました。

　日本では、これまでどのくらいの強さの雨が降ったことがあるのかを見るために、

1時間雨量（あるいは1時間の平均的な雨の強さ）の1位から20位までの値を調べてみました（図2・1）。興味深いことは、7位から13位までの1時間雨量の記録値が140〜133ミリとあまり違わないことです。一方、1位から5位までは値がかなり違っています。「雨というものはどのくらいの強さまでの雨が降るものだろうか」と聞かれることがあります。地球上の雨の記録値の話は第11章で触れますが、日本では1時間雨量（1時間の平均的な強さ）でみる限り、140ミリ／時間程度ならば十分に起こり得る雨の強さであるということができます。しかし、一九八二年の長崎豪雨のように187ミリという雨さえ降ることがあり、図の傾向からするとより大きな1時間雨量の雨、おそらく1時間に200ミリの雨は降り得るでしょう。

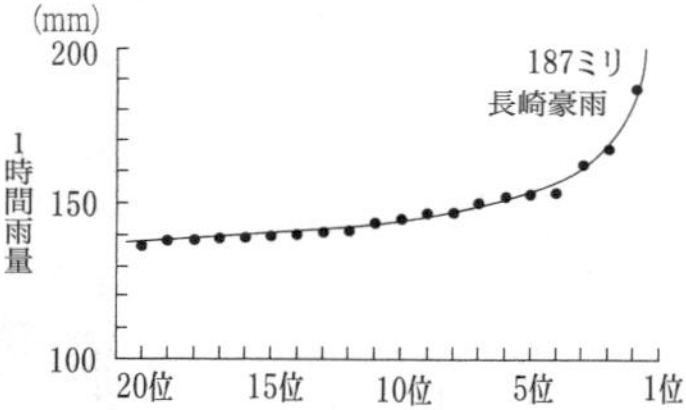

図2.1　日本の1時間雨量の記録値　1位値から20位値までを示す。1位値は1982年7月に長崎で起こった豪雨に対応する

なぜ、空から落ちてくる雨粒にはいろいろの大きさがあるのか、あるいは、なぜ雨は滝のようにつながった水として落ちてこないのか、ということは追々説明していくこととして、以下では、雨の基本的な性質である雨の強さと雨粒の大きさ分布（粒径分布）との関係を述べることにしましょう。

雨粒の大きさ分布

前章に述べましたように、大きい雨粒も球形にすると、雨粒の大きさは球の半径として0・1ミリから3ミリまでです。それ以上に大きな雨粒は地球上ではまれにしか存在しません。そのような大きさの水滴である雨粒は、どの位の数で空から落ちてくるのでしょうか？　非常におおざっぱに言うならば、空気1リットルの中に入っている雨粒の数は約1個です。それに対して、雲では同じ1リットルの中に約100万個の小さな水滴が含まれています。同じように空気中にある水滴でも、雲粒と雨粒は大きさと共に数が非常に違うものなのです。

夏のシャワーでは、突然大きな雨粒のみがぱらぱらと降ってきて、それから小さめの雨粒が沢山降ってくることがありますが、一般的に、小さな雨粒に比べて大きな雨粒は少ないこと、雨が強くなると大きな雨粒の数が増えてくることは、多くの人が気がついていることではないでしょうか。このような雨の性質を世界で初めてきちんと整理して式に表した人がマーシャル博士とパルマー博士です。この研究は一九四七年にわずか1ページの論文として発表されたものですが、この式はマーシャル・パルマーの粒径分布として知られており、気象学の中では最も有名な、そして有用な式の一つです。

マーシャル博士はカナダの人で、大変著名な気象学者です。私が三十歳代にモントリオールのマギル大学の気象学科に約1年半研究のために滞在していた時、同じ学科におられました。非常に頭が良いというだけでなく、子供のように素直に自然を観ることのできる人という印象が強く残っています。研究発表の時など、研究手法の都合などで知らず知らずのうちに自然を歪めて観ていると、その点を鋭く質問され、私も何度かどきりとさせられたものです。

雨粒の大きさ分布（粒径分布）とは、どの粒径（半径、あるいは直径）の雨粒が単位体積（1リットル、あるいは1立方メートル）の空気中に何個あるかを表現したものです。ただし、マーシャル・パルマーの粒径分布を式で書くと難しくなりますので、図2・2にその分布を模式的に画いておきます。簡単に言うと、雨粒の数は直径が大きくなるにつれて急激に、つまり指数関数的に減り、また、雨が強くなるにつれて、大きい雨粒の割合が増える（直線の傾きがゆるやかになる）という特徴をも

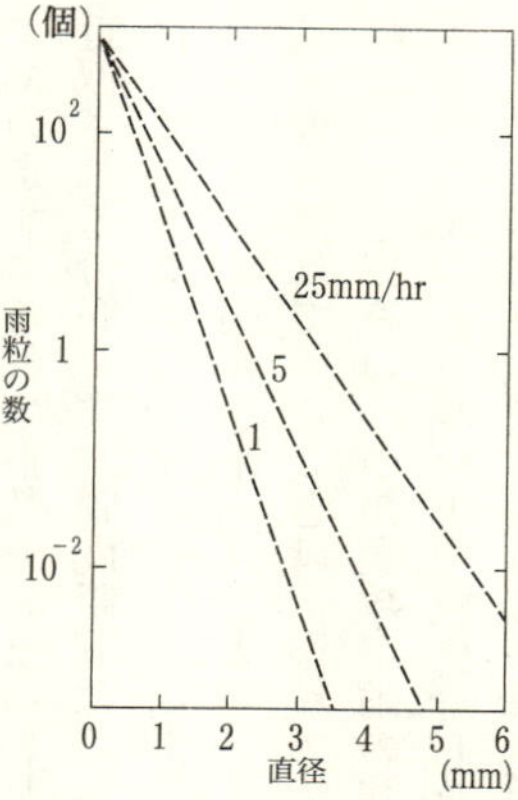

図2.2　雨粒の粒径分布　縦軸は空気1立方メートル中の直径0.1ミリ毎の雨粒の個数（例えば、直径2.0ミリから2.1ミリまでの雨粒の個数）

っています。これは指数分布といわれるもので、図の縦軸を対数目盛で表すと直線で近似される分布です。瞬間瞬間に降ってくる雨粒がこのような分布をしているわけでは必ずしもないのですが、少し時間を長く取って平均するか、あるいはある大きさの空間に降った雨粒を平均すると、多くの雨はこのような粒径分布を表すのです。この式の大変優れていることは、雨粒の大きさと数との関係がたった二つの変数で表現されることと、その一つの変数が雨の強さと共に変わることです。

マーシャル・パルマーの粒径分布そのものにはならないにしても、大きさと数との関係については、このような特徴を持っているものが自然界ではよく見られます。例えば、高高度から観る雲（特に、積雲、積乱雲）、大気中に浮遊している微小な粒子、あるいは、哺乳動物とか魚などがそうです。小さいものを減らす（食べる）ことによって大きいものが維持されるような集団について、その大きさと数の関係はこのような特徴を示す傾向があります。例えば、哺乳動物の各種の代表的な体長と地球上での平均的な生息密度（同じ面積内に各々が生息している数）の関係も、大体一つの式で表されます。それによると、人間の体長と同じ哺乳動物の平均的な生息密度は、1平方キロの面積に1・4匹（頭）です。ところが、現在（二〇〇三年時点）、地球全体で平均して人間は1平方キロに36人いますし、日本では300人を超えています。つまり、人間は地球上でも非常に特殊な存在になっていると言えるでしょう。

話を戻します。正確に言うと、全ての雨雲からの雨粒がマーシャル・パルマーの粒径分布を示すわけではありませんが、多くの雨粒集団の粒径分布は指数関数的な分布に近いものを示します。このことは大きな雨粒もまた多くの小さな雨粒を集めて大きくなるという性質を持っていることを示唆しています。その上に、前の章で紹介したように、非常に大きな雨粒は分裂して小さな雨粒を多くつくり出すということも加わり、指数関数的な粒径分布を維持しているようです。ひと口に指数関数的な粒径分布と言いましても、雨を降らす雲の性質、雲の中で起こっている物理過程の違いに対応して粒径分布の特徴が少しずつ違います。地上近くの雨粒集団の粒径分布を詳しく注意深く調べることにより、雨を降らすために雲の中でどのようなことが起こっていたかをいろいろと知ることもできます。

例えば、約三十年前、まだ今のようにすぐれた観測機器がなかった頃、雨がよく降ることでも有名な三重県尾鷲市と近くの山の大台ヶ原で、約48時間ぶっ続けで5分ごとに雨粒の粒径分布の時間変化を調べたことがあります。詳しいことは省きますが、このような測定から、尾鷲市では雲頂の高い非常に発達した積乱雲とそれより雲頂がかなり低い雲の二つのタイプの雲が次々と入れ替わりながら通過していったこと、雨粒のつくられ方が大きく異なる二つのタイプの雲が並び合っていたことにより非常に効率よく雨が降っていたことなどが推測されました。

レーダによる雨の観測

気象学や気象予報では、レーダで観測される雨の強さ（降雨強度）は重要な情報です。レーダは、アンテナから送信された電波が目標物に反射され、その電波がまたアンテナで受信されることにより、目標物までの距離と方向、つまり、位置を知るものです。元々は、第二次世界大戦中に航空機の襲来を少しでも早く探知するためにつくられ、発達したものですが、今では雨の観測にも広く使われるようになりました。雨粒の粒径分布は、レーダで降雨強度（通常 Rainfall intensity の頭文字をとってRと表現）を観測する時に大切な要素になるものなのです。

レーダは広い領域の降雨強度の水平分布をごく短時間に観測することができますが、探知性能は、アンテナの大きさなどの機器の性能とレーダからの距離にもよります。一般にレーダは、直径が１００メートル、長さが１００メートル程度の円筒状の空間内に存在する雨粒集団から反射される電波の強さを測定していますが、個々の雨粒が反射する電波の強さはその雨粒の大きさにより非常に変わります。通常の観測に用いられるレーダの電波の波長では、雨粒や降雪粒子の多くはそれぞれの直径の６乗に比例する強さの電波を反射します。従ってレーダは、上述の空間内の各雨粒がその直径の６乗に比例して反射する電波の総量を一つの量として測定しているわけです。

この量をレーダ反射強度因子（通常はZと表現）と言い、レーダ観測における基本的な量です。雨粒が反射する電波は直径の6乗に比例するのですから、たとえ数は少なくても大きな雨粒があると、小さな雨粒が多数ある場合よりもレーダ反射強度因子の値は大きくなります。つまり、雨滴集団のZの値は雨粒粒径分布に強く依存します。

先に述べましたように、一般に、強い雨ほど大きい雨粒を多く含む傾向にあります。降雨強度（R）は単位時間内に落ちてきた雨粒集団の総水量にあたりますから、個々の雨粒の体積（直径の3乗に比例）にそれぞれの雨粒の落下速度（直径が大きいほど速い）をかけ合わせたものの総量です。つまり、おおざっぱに言うならば、Zが大きければRが大きい、Rが大きければZが大きいという関係が成り立ちます。この関係をZ—R関係と言い、雨を研究する上では大切な関係です。レーダを用いて雨を観測するということは、観測領域内の地上近くのZの水平分布を観測することにより、Rの水平分布、つまり地上近くの降雨強度の分布を知ろうとすることなのです。

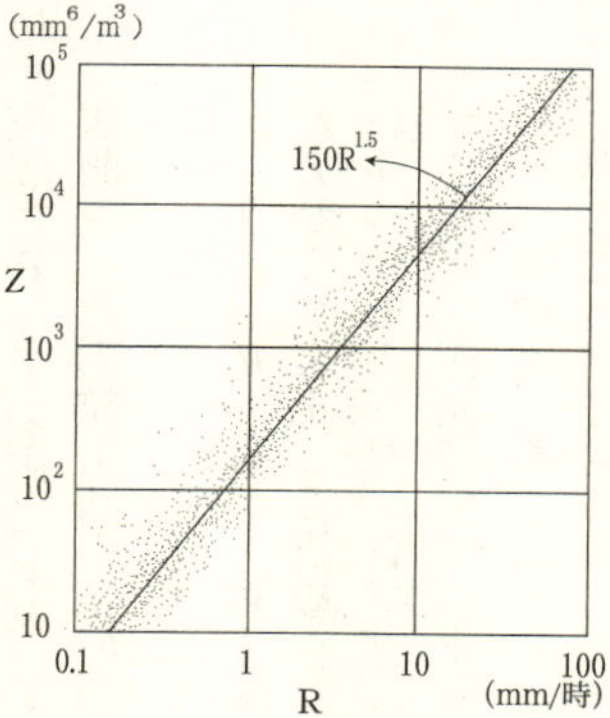

図2.3　レーダ反射強度因子（Z）と降雨強度（R）の関係の観測例

ところが、図2・3に示しているよう

に、実際にRとZの両方を測定してみると、両者の関係は一つの直線上にのりません。観測された雨粒集団のZの値が同じであっても、集団が違うとこれほどにRの値が違ってしまうのです。この違いのほとんどが雨粒集団の粒径分布の違いによるものです。レーダは広い領域の雨を短時間に観測できる大変すぐれた機器なのですが、観測したZからRを正しく決められないという大きな問題があります。しかし、レーダはいわゆるリモートセンシング（この言葉は中国語では非常に分かりやすく遥感といいます）による観測です。つまり、リモートセンサーという機器は、観測目標のそばまで行って直接調べなくても目標物の情報を一つの量、場合によってはいくつかの量として得ることができるものですが、一方、目標物の詳しい性質（ここでは雨粒の粒径分布）はよく分からないということです。このことはレーダに限らずリモートセンサーの宿命で、人工衛星からのさまざまな観測にもついてまわる問題です。

それならば、レーダが観測する領域内の地上に、雨粒の粒径分布を測定できる機器を沢山設置したら良いのではないかということで、日本も含めて世界中の多くの国々でこのような試みを行ってきました。しかし、機器、手法、経費など、様々な問題があり実現しませんでした。現在広く用いられている方法は、地上雨量計で測られる実際の降雨強度をもとに、レーダ観測から推定される降雨強度を補正する手法です。地上雨量計はその地点の雨量、降雨強度をかなり正確に測ることができますが、それらの値がどの位の広さの場所の値を代表しているかに問題があります。一方、レーダは広い領域の雨のレーダ反射強度因子を定量的に正しく観測できても、それから降雨強度を正しく推定することに問題があります。両者の良さを生かし合い、問題点を相補って広い領域の降雨強度と雨量の分布をできるだけ正しく推定するのがこの手法です。日本の気象庁のアメダス観測網による雨の観測はほぼ17キロごとに行われていて、世界の中でもトップクラスの観測網です。日本ではさらに国土交通省、各地方自治体、消防署、鉄道、電力会社などが独自の雨の観測網を持っています。今では当たり前のように毎日使われているレーダ・アメダス合成雨量分布図は、レーダと地上雨量計の両方を使った雨の観測として世界で最も優れたものの一つです。

レーダによる雨の観測のことを述べてきましたが、ここでついでに二つのことに触れておきましょう。一つは、レーダ電波は雨粒の直径の6乗に比例する強さで反射されるので、雨粒に比べると雲粒のように小さい水滴はいくら多くあってもレーダ反射強度因子にはほとんど寄与しないということです。つまり、目には雲が見えても、レーダ電波に対してはすけすけです。これは、レントゲン写真で身体の内部の骨格をみることはできても、身体の皮膚などをみることができないのと同じです。ただし、近年、雨探知用レーダで使われている電波よりも波長の短い電波を用いたレーダが、雲探知用に使われるようになってきました。

もう一つは、雨は降っていないのに、レーダ電波が空の何かによって反射されてくることがあることです。これは非降水エコー（通称エンジェルエコー）とよばれ、大変おもしろい現象です。レーダにエコーとして観測されるのは鳥、昆虫、あるいは空気の乱れです。レーダからの距離にもよりますが、水分を含んでいる昆虫が直径が100メートル、長さが100メートル程度の円筒形の空間に1匹いるだけでもエコーとして観測されます。目には何も見えないのにレーダでは観えたりしたのですから、当初天使のエコーとよばれたのでしょうね。夢のある命名です。私も、一時、大学院学生と共にこのエンジェルエコーの観測を行ったことがあり、そのことがUFO（未確認飛行物体）の観測としていろいろと報道され、ある新聞ではそのころ広く歌われていたピンクレディーのUFOの記事と並んで紹介されたりしました。妙に楽しい思い出です。興味深いことに、今でも、雨の観測のみでなく、レーダを用いて鳥や昆虫の生態を調べる研究が世界のあちこちで行われています。

雨粒の粒径分布の測定

雨粒の粒径分布は、上空で雨粒がどのような過程を経てつくられたのかについて有用な情報を与えてくれるものですので、昔から多くの研究者がその測定法の開発に挑戦してきました。私もそうでしたし私の学生もそうでしたが、雨の研究を志す人達は、雨粒の粒径分布を簡単にしかもできれば自動的に測定できる方法を開発してみたいと一度は思うものでした。今でもその開発が進められています。良い測定法の最大のポイントは、弱い雨でも強い雨でも一つの方法で測れることです。

初期の頃に用いられていた面白い方法は、メリケン粉などの粉の上に雨粒を落とすことにより小さい団子を作り、目の大きさの違うふるいを用いて分けて、大きさ別に数えるものです。その後、長く使われた方法はろ紙法と呼ばれるもので、私もしばしば用いた簡単な良い方法です。メチレンブルー（あるいはウォーターブルー）と呼ばれる化学物質をすりつぶしてベンゼンに溶かし、それにろ紙を浸し、乾かします。このろ紙の上に水滴が落ちると、白いろ紙に水滴のしみた痕跡が真っ青に浮きでるわけです。孔の大きさの違ういくつかの注射針などを使って、あらかじめ大きさのわかった水滴をろ紙に落とし、水滴の大きさに対応した青い痕跡の大きさを測っておけば、落ちてきた雨粒の粒径分布を容易に測定できるわけです。勿論、ろ紙によって痕跡の大きさが違わないように、ろ紙の質がよいことが大切です。

ろ紙法の大変すぐれているところは、弱い雨の時は雨の中にろ紙を長めに露出し、強い雨の時はごく短い時間だけ露出したり、風に吹かれて雨が斜めに降ってくる時はその方向にろ紙の面を向けるなど、観測者の判断で適宜ろ紙のさらし方を変えることができることです。前述の尾鷲市、大台ヶ原での雨の観測は、5分ごとにこのようなろ紙を雨にさらすことを48時間続けたものです。この方法は簡便で、誰でも利用できるものです。ただし、このメチレンブルーという化学物質は、耳かき数杯程度で数百枚のろ紙をつくれるほどの強烈な効果を持っています。ろ紙をつくる作業をする時は、マスクをし、実験衣などをしっかり上に着ておかないと、後で鼻の穴も衣類も真っ青になってしまいます。

エレクトロニクスが進歩してくると、それらを利用した方法が開発されるようになりました。その代表的なものの一つは、光路を横切る雨粒がつくる影の大きさを電気的に測る機器ですが、今ではあまり見かけなくなりました。現在、もっとも広く用いられている方法は、マイクロフォンと似たようなものです。落ちてきた雨粒が当たる圧力を電気信号に変えるもので、雨粒の大きさごとにその圧力が違うわけですから、信号処理により容易に、しかも速やかに雨粒の粒径分布を知ることができます。ただこの方法には、雨粒の形が測定できない点、大きな雨粒が降っている時には小さな雨粒の音が消されやすいという点、同じ大きさの雨粒でも風の影響でマイクロフォンに当たる強さが変わってしまうという弱点があります。傘をさしていると、雨が降っているのか、こつんこつんとあられが降っているのか、あるいはさらさらと雪が降っているのか、傘を叩く音で何が降っているのか皆さんも何となく分かるのではないでしょうか？　私も、若い頃、マイクロフォン方式の雨粒粒径分布計を考案していた時、このような区別も可能ではないかと考え、いろいろと工夫してみました。結果はうまくいきませんでしたし、今でもそのような機器ができたという話は聞きません。

ごく最近になって、2台のビデオカメラで雨粒の画像を直接撮影する装置が開発されました。この装置では、10センチ四方の測定範囲の中に入った個々の雨粒（雪粒も）の落下速度と形が同時に測定でき、大きさによって雨粒の形が変わる様子をリアルタイムに観ることができます。今のところはまだ安価なものではありませんが、レーダと地上雨量計のほかに、このような機器を観測領域に多数配置できれば、レーダの観測データをより正しく補正できると共に、これらの観測データを総合的にうまく利用することにより、雨や雪の科学について興味深いことがいろいろと分かることが期待できそうです。

第3章　雨が降る雲、降らない雲

この章では、なぜ雲には雨が降りやすいものと降りにくいものがあるかについてを中心に、地球上の雲と雨の基本的な性質を述べます。日頃少し注意深く雲を眺める人でしたら、積雲、雄大積雲のようなもくもくした雲でも、海辺の雲でしたらそれほど背の高くない雲からでも雨が降ってくるのに、陸の上の雲になるとかなり背が高くなっても雨が降ってこないことに気がつき、不思議に思ったことがあるのではないでしょうか。

雲粒と雨粒

初めに、雲から雨が降るということはどのようなことなのかごく簡単に説明しておきます。同じ水滴でも、雲粒の特徴はこれまで述べてきた雨粒のものとはかなり違います。雲を構成する雲粒は大変小さいもので、半径が0・001ミリ（1ミクロン）から0・01ミリ（10ミクロン）のものが多いのですが、半径0・1ミリ以上の水滴を雨粒としましたので、0・1ミリ以下のものは雲粒ということができます。半径が

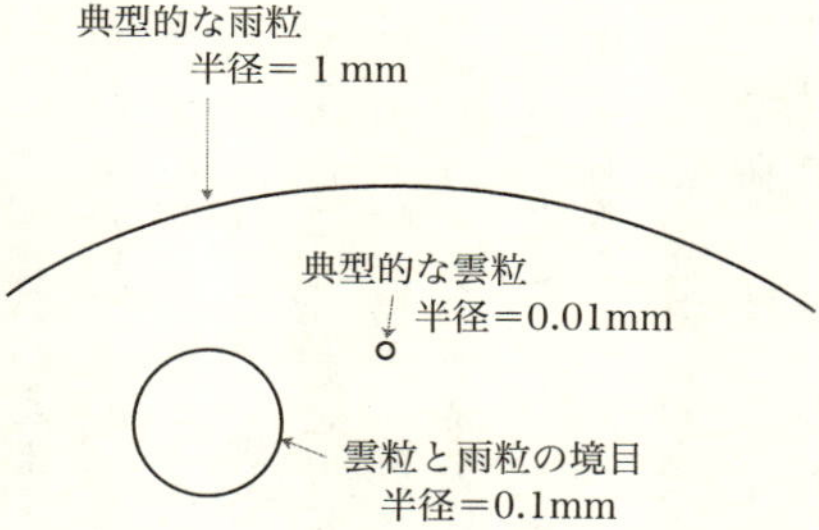

図３.１　典型的な雲粒と雨粒の大きさの比較

０・１ミリに近いものは巨大雲粒と言ったらよいかもしれません。ここでぜひ注目してほしいことは、半径０・０１ミリの雲粒を典型的な雲粒、半径１ミリの雨粒を典型的な雨粒としますと、雨粒の半径は雲粒の１００倍であるということです（図３・１）。水滴の体積は半径の３乗に比例しますから、体積、つまり水の量で比べますと、雨粒の大きさは実に雲粒の大きさの１００万倍にもなるわけです。雲から雨が降るということは、非常に小さい雲粒の集団の中にそのように大きな水滴ができるということなのです。

前章で雨粒の数は空気1リットルに1個程度と述べましたが、実際は空気1立方メートル（１０００リットル）に10個から１０００個くらいの範囲です。ところが、雲粒となりますと、空気1立方センチに10個から１０００個、時には数千個を超す雲もあります。1立方メートルは１００万立方センチにあたりますから、典型的な雲粒の数を1立方センチに１０００個としますと、雲粒の個数は雨粒のちょうど１００万倍ということになります。非常に多くの雲粒の中のわずか1個の水滴にあたるものが雨粒なのです。言いかえますと、100万個の雲粒が集まってできた存在が雨粒であると言っても良いですし、100万個の雲粒の中のわずか1個が大きく成長するような現象が雨粒ができることとも言えます。雲から雨が降るということはそのような現象です。雨が降りやすい雲とはそのようなことが起こり易い雲であり、降りにくい雲はそのようなことが起こりにくい雲なのです。そして、地球上の雲や雨の興味深いことは、雨の降り易さ、降りにくさをコントロールしているのが、雲粒よりさらに小さな大気中の粒子、半径が0・0001ミリ（0・1ミクロン）から、0・001ミリ（1ミクロン）くらいの微粒子（これ以下、あるいはこれ以上のものもあります）の存在であることです。

今ではあまり言わなくなりましたが、雲の研究の初期の頃、このような雨の降りやすさ、降りにくさのことを〝コロイド的な不安定〟と言ったことがあります。雲の中で雨ができて降ってくる現象は、まるで、試験管の中で化学反応を起こしているコロイド状の物質がある時急に沈殿を始めるようなものだということです。実は、雨や雪などの降水のことを英語で precipitation といいますが、この言葉の一つの意味は沈殿です。コロイド状の雲から沈殿してくるものが雨とは面白い考え方です。

雲の種類

雲についての講義や講演をしますと、「なぜ雲はあれほどに様々な形を見せるのですか」という質問をよく受けます。平べったい雲、塊のような雲、カリフラワーのように凸凹した雲、刷毛ではいたような雲など、本当に様々です。そしてその形の変化が激しい雲、なかなか変化しない雲もあります。話は少し難しくなりますが、雲がどのようにしてつくられるのかを簡単に説明しておきましょう。

地球上の雲のほとんどは、水蒸気を含む空気が上昇することによりつくられます。この上昇する空気の塊の大きさ、形、勢いによって雲の大体の形がきまり、さらに雲を構成する雲粒子が雲粒のような水滴であるか、雪結晶のような氷粒子であるかによっても雲の形は微妙に変わります。もくもくした雲はそのもくもくに対応した泡のような空気塊が次々と昇っていくことによりつくられています。

一般に、空気塊が昇っていく大気は上空に行くほど気温が低くなると共に、気圧が低くなります。気圧が高いところから気圧の低いところに昇っていくのですから、当然空気塊は膨張しますが、膨張するということは周りの空気を無理に押し広げることであり、自分の持っているエネルギーを消費して仕事をする、つまり冷えることになります。このことを断熱膨張冷却といいます。空気が下がる時は、断熱圧縮して温まります。空気が含むことのできる水蒸気の量（正確には、水蒸気圧）は気温と共にふえますから、水蒸気を含む空気魂が上昇して膨張し冷えると、空気塊の中に水蒸気として含みきれなくなった残りの水蒸気が液体の水である小さな水滴、つまり、雲粒に変わるわけです。時々、水蒸気と湯気を混同される人がいますが、水蒸気は眼には見えない気体であり、眼に見える湯気は雲と同じように沢山の水滴の集団です。

それでは空気塊はどのようにして大気中を上昇するのかというと、大きく分けて二つのタイプがあります。一つは、風呂や鍋の水を沸かす時に起こる対流のように、周りよりも暖かくて軽い空気が上昇していく場合です。上昇する空気塊の速さは毎秒数メートルから数十メートルで、かなり速いものです。このような空気塊が次々と上昇することによりつくられる雲は、まとめて対流雲あるいは対流性の雲とよばれますが、雲の種類としては積雲、積乱雲がこれに含まれます。対流雲からはしばしばシャワー性の強い雨が降ってきます。

もう一つのタイプは、広い領域にわたって空気が大規模にゆっくりと上昇する場合で、それらの空気は低気圧とか前線のような気象擾乱によって強制的に上昇させられています。上昇する速さは毎秒数センチから十数センチと遅いものです。つくられる雲はひとまとめに層状雲、あるいは層状性の雲とよばれ、降ってくる雨は弱いしとしと雨であることが多く、しばしば同時に広い地域にわたって降ります。層状雲は、雲の種類としてはさらにつくられる高さに応じて層雲、高層雲、巻層雲とに分けられ、また、部分的に対流のような空気塊の上昇を含む場合、層積雲、高積雲、巻積雲とよばれます。これらの雲に、刷毛ではいたような上層の雲である巻雲と、雨を降らすことが多いため雨雲ともよばれてきた乱層雲を加えた10種類を気象学的には10種雲形といいます（表３・１）。

凝結のみでは雨粒はできない

これからの話は積雲を対象にして述べることにしますが、基本的には他の種類の雲でも同じです。雲は次々と上昇する空気塊によってつくられるということから分かると思いますが、図３・２にも示すように、雲底は上昇する空気塊の中に含まれていた水蒸気の一部が凝結して雲粒に変わり始める高さ（凝結高度ともいいます）です。雲底にある雲粒はずうっと同じ雲粒集団で構成されているのではなく、次々と上昇してくる空気塊の中の雲粒集団によって入れ替わっているわけです。いくら小さくても空気に対して落下している水滴である雲粒からなる雲が、落ちてこないで浮かんでいる

表3.1　10種雲形

雲の種類			高度（メートル）
層状雲	上層雲	巻　雲 巻積雲 巻層雲	6000以上
	中層雲	高層雲 高積雲	2000～6000
	下層雲	層積雲	2000以下
		層　雲 乱層雲	300ないし 600以下
対流雲	積　雲		600～6000 ないしそれ以上
	積乱雲		12000にのびる ことあり

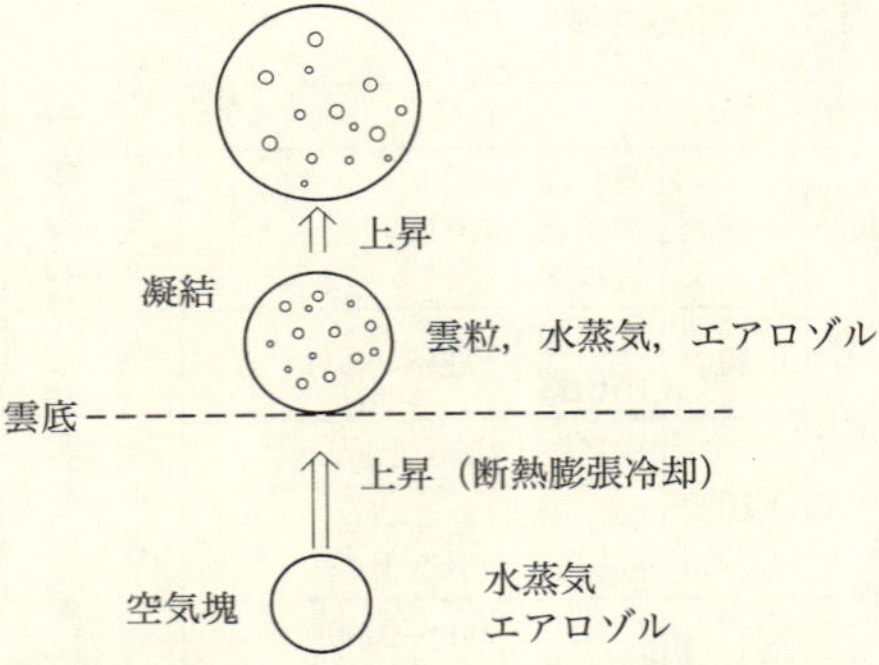

図3.2 断熱上昇する空気塊の変化　空気塊は上昇するに従って冷却し、中の水蒸気が凝結して雲粒がつくられる

ように見えるのは、このようなわけからです。

水蒸気から雲粒ができる現象は大変複雑で重要なものですので、この章の最後に説明しますが、雲底でつくられた雲粒は上昇する空気塊と共に雲の中を上昇していきます。空気塊は高さと共にますます膨張し冷えるため、含まれきれなくなった水蒸気は次々と液体の水に変わることになります。それらの水は、新しい雲粒をつくることもありますが、多くはすでにある雲粒の上に凝結してそれらを大きく成長させていきます。凝結という現象は日常生活でもいろいろと見られますが、もっとも見慣れているものは様々なものに露がつく現象でしょう。この露と同じように、水蒸気がどのくらいの速さで凝結して雲粒が成長するかは、雲粒の温度、雲粒の周りの空気の温度と水蒸気量にかなり依存します。実は、雲粒が凝結により成長する過程には、雲粒に溶け込んでいる化学物質の種類と量も重要

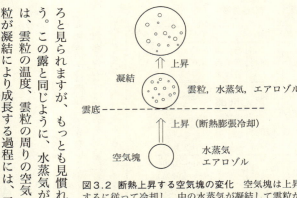

な役割をしているのです。

雲粒が球形であるのは、雲粒内の水分子が互いに引っ張り合うこと（表面張力）により雲粒が少しでも表面積を小さくしようとするからなのですが、小さい雲粒は中の水分子の数が少ないため、より大きい雲粒に比べて水分子が雲粒外に飛び出しやすいことになります。水滴が大きくもならない、小さくもならないという状態は、雲粒の外から入ってくる（凝結する）水分子と出ていく（蒸発する）水分子の数がバランスしている状態ですから、小さい雲粒が凝結により大きく成長するためには、大きい雲粒の成長に比べてより多数の水蒸気分子が周りの空気中にあることが必要となります。つまり、空気中の水蒸気量が大きく、相対湿度がかなり高い（実際には１００パーセントをわずかに超える）ことが必要です。

一方、硫酸、硫酸アンモニウム、塩化ナトリウムのような化学物質が雲粒内に溶けこんでいる場合は、それらの働きにより、純水の雲粒に比べて雲粒内の水分子は外に飛び出しにくくなります。つまり、周りの空気中の水蒸気分子の数がそれほど多くなくても雲粒は凝結により成長できるというわけです。水蒸気と雲粒を含む空気塊が上昇していくと、含まれきれなくなった水蒸気が凝結して液体の水に変わろうとします。それぞれの雲粒はその大きさと溶けている化学物質などの量によりきまる成長速度で大きくなるのですが、そのことは凝結して水に変わろうとする水蒸気を消費する

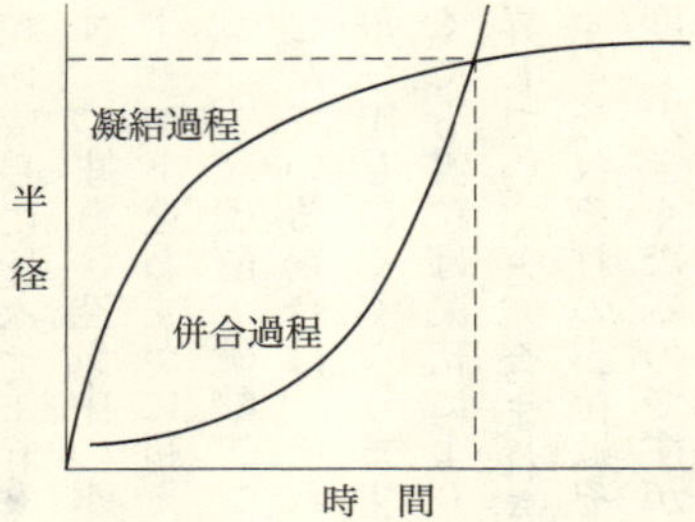

図3.3　水滴の成長速度　水蒸気の凝結による成長速度と水滴同士の衝突併合による成長速度の違いを示す

ことも意味し、雲粒は互いに水蒸気を奪い合いながら大きくなっていくわけです。

ところが、凝結のみで雲粒が雨粒の大きさにまで成長することは非現実的なのです。凝結による雲粒の成長は、雲粒の表面積（半径の2乗に比例）に比例して周りから飛びこんでくる水分子が雲粒の体積（半径の3乗に比例）を大きくしていく現象です。その他のことも関係して、雲粒の半径が時間と共にふえていく速さ（成長速度）は、雲粒が大きくなり半径が増すほどに遅くなります。この様子は簡単に図3・3に示してあります。つまり、凝結だけで雲粒が雨粒の大きさにまで成長するためには、とてつもなく長い時間が必要となります。例えば、実際の雲の中にある水蒸気量の程度でしたら半径0・001ミリの雲粒が半径0・1ミリの雨粒になるには約3時間、また、半径1ミリの雨粒になるには約2週間もの時間がかかってしまいます。

衝突併合により雨粒がつくられる

雲粒は雨粒に比べると落下速度はかなり小さいですが、その大きさに応じた速度で空気の中を落下しています。雲の中でほとんどの雲粒は上昇する空気塊により上方に運ばれている一方、空気に対しては落下しているわけです。大きな雲粒ほど速く落下していますから、大きい雲粒はより遅く落下している小さい雲粒に追いつきます。大きい雲粒から見ると、小さい雲粒が大きい雲粒の落下速度との差の速さで下から衝突してくることになります。このように衝突した雲粒同士は互いにくっつき合って（併合）大きな雲粒になります。

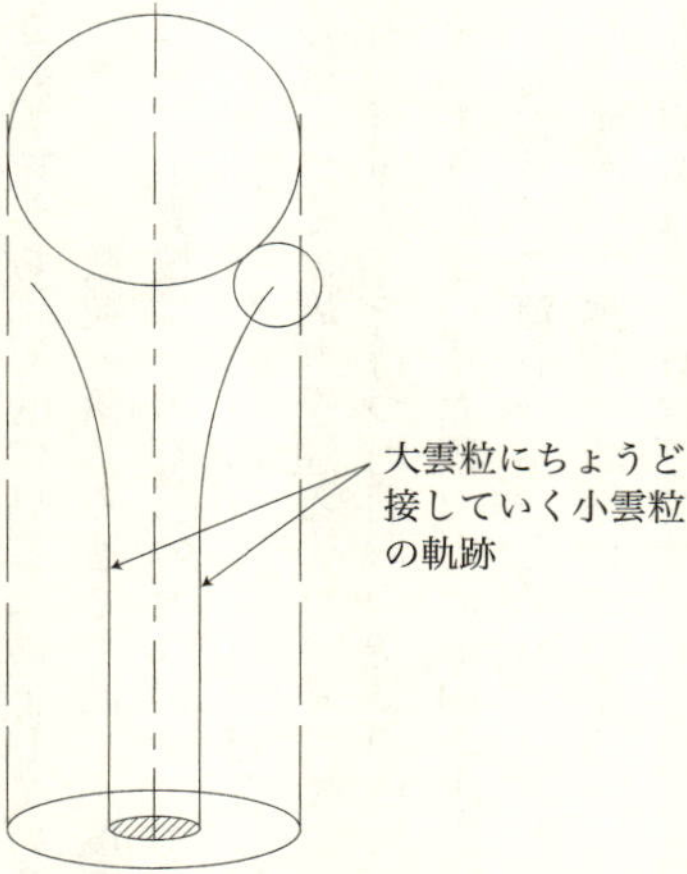

図3.4　落下する大きな雲粒が小さい雲粒を併合する様子

この衝突併合による雲粒の成長において大変重要なことは、衝突率が雲粒の大きさに応じていろいろと変わってくることで、そのことがまた雨の降り易い雲か降りにくい雲かに関係してくることです。衝突率を簡単に説明するため、小さい雲粒はすべて同じ大きさであり同じ落下速度をもつとし、また、図3・4のように、大きい雲粒から相対的に見る（落下している大きな雲粒を止めてみる）ことにします。つまり、大雲粒の落ちる速さと同じ速度で空気が大雲粒に向かって流れていることになり、小雲粒はその空気の流れに乗って、大雲粒との落下速度の差の速さで動いてきて大雲粒に衝突するわけです。ただし、図から分かるように、空気の流れは、大雲粒の近くでその周りを通るようにそれていきます。従って、大雲粒の直径と同じ円の面積（断面積）を持つ円筒形の空気の中にある全ての小雲粒が衝突するわけではなく、それより小さい断面積の円筒形内の小雲粒のみが、空気の流れに乗って動いてきた勢い（慣性）で流れから少しそれて大雲粒と衝突することになります。やや専門的になりますが、大雲粒の断面積に対するこの円筒形の断面積の比率は衝突率とよばれ、多くの場合は1・0以下です。

この衝突率は、大雲粒の周りの空気の流れをきめる大雲粒と小雲粒の落下速度の差、それと大雲粒の近くで小雲粒が流れからどのようにそれるか、つまり小雲粒の慣性（小雲粒の質量に依存）に関係してきまります。図3・4からも推測できると思いますが、ここで大変重大きさによってきまります。簡単に言えば、大雲粒と小雲粒の大きさの関係によっては、小雲粒が流れに乗りすぎて大雲粒に衝突できないために、大雲粒が衝突併合によって成長できないことがあるということです。実は、雨が降り易い雲か、降りにくい雲かはこのようなことに関係しているのです。雲粒の半径が0・02ミリ以上にならないと小雲粒との間で慣性衝突を起こすのに十分な落下速度差に達しないため、この大きさ以上の大雲粒には衝突する小雲粒があるのに対し、この大きさ以下の大雲粒には衝突する小雲粒がありません。つまり、半径0・02ミリ以上の雲粒がないと、雲の中で衝突併合による雲粒の成長が始まらないということになります（最近の研究によると、このような臨界的な半径の存在に対して若干の修正がありますが、本質的には変わりません）。

衝突併合による雲粒の成長についてもう一つ重要なことは、凝結成長では雲粒の半径が時間と共にふえる速さ（成長速度）が、雲粒が大きくなるに従って急激に遅くなるのに対し、衝突併合による成長では、図3・3に示すように、雲粒の成長速度が雲粒の大きさと共に急速に速くなることです。これは、衝突併合による成長速度が、大雲粒の断面積（半径の2乗に比例する）とそれの落下速度（雲粒程度の大きさだと半径と共に大きくなる）に依存するためです。おおざっぱに言うと、半径0・02ミリの雲粒が衝突併合によって半径0・1ミリの最小の雨粒にまで成長する時間のうち、80パーセントが半径0・04ミリの雲粒になるまでに費やされ、0・04ミリから0・1ミリまで成長する時間は、全体の20パーセントの時間ですむと考えられます。

このように、半径0・02ミリ以上、さらに0・04ミリ以上の雲粒が存在する雲、あるいはつくり易い雲は、雨粒を効率よくつくり雨を降らせ易いということになります。海辺の積雲が、しばしば、雲ができ始めてから20分程度で雨を降らすのは、このような大きさの雲粒がつくられ易いからです。人工降雨のことは第5章でも触れますが、最も簡単な人工降雨は、飛行機から雲の上に水をまくことです。この方法は今でも行われることがありますが、まかれた水が半径0・02ミリ以上の水滴を多数つくってくれれば、それらが雨粒をつくるきっかけになるわけです。前に述べた連鎖反応という雨の降り方は、大きな雨粒の分裂によりこのような大きさの雲粒が多数つくられるために起こるものです。

なお、ここでは、雲粒が衝突併合によって雨粒の大きさになるまでのことを述べましたが、もちろん、雨粒もまた、雲粒、あるいは小雨粒を併合して成長していきます。その原理はここで述べたことと基本的には同じですが、図3・3からわかるように、その成長速度は非常に速いものです。言いかえると、上述の臨界的な大きさの雲粒ができさえすれば、そこから先はかなり短い時間で雨が降るということです。

雲粒は小さな種からできる

0・02ミリ以上の雲粒がないと衝突併合による成長が始まらないということは、言いかえれば、この大きさの雲粒は凝結のみでつくられなければならないということです。地球上の雨の科学の大変面白いところは、雲粒の形成や凝結成長に水とは異なる物質の微粒子が決定的な役割を果たしていることです。もしも空気がさまざまな微粒子を全く含まず、非常にきれいであるならば、水蒸気が凝結して雲粒ができるという現象は大変起こりにくいことになります。そのような場合、まず空気中の水分子が互いに衝突して集まることにより微小水滴ができることが必要ですが、この現象は大変不安定なもので、微小水滴内の水分子はたちまちに空気中に飛び出てしまい、せっかく水分子が集まって微小水滴をつくったとしても、すぐに微小水滴はなくなってしまいます。このように微小な水滴ができ、安定に存在するためには、空気中に水分子が多数存在していることが必要になります。たとえば半径100万分の1ミリの微小水滴が安定に存在するためには、通常用いられている相対湿度で300パーセント以上もの水蒸気が空気中になくてはなりません。きれいな空気中では、純水の水滴としての雲粒は非常につくられにくいものなのです。

ところが、吸湿性微粒子といわれる微小粒子が存在していると、空気中の水分子がその微小粒子に吸着されます。そして、上述のような純水の微小水滴ではなく、微小粒子を構成する化学物質が溶けている微小液滴ができます。そのような微小液滴は湿度が100パーセント以下でも安定に存在しますし、湿度が100パーセントを少し超えただけでも凝結によって成長することができます。つまり、雲粒がつくられ、成長していくわけです。空気中で雲粒がつくられるためには、このような吸湿性微粒子が必要であり、これらの微粒子は雲粒がつくられるための核になることから、雲粒核あるいは雲核とよばれています。大気が湿っている時によく空がもやって視程が悪くなることは、日常誰もが経験することですが、それは、大気中の吸湿性微粒子が、雲粒にならないまでも、空気中の水蒸気を吸ってふくらんで、太陽の光を通りにくくしているためなのです。

地球上で雲粒核として働く代表的な吸湿性微粒子は、塩化ナトリウム、硫酸、および硫酸アンモニウムの微粒子です。塩化ナトリウムの微粒子の多くは空気中に吹き上げられた海のしぶきが乾燥したものです。硫酸あるいは硫酸アンモニウムの微粒子は陸上のさまざまな原因によりつくられています。図3・5は名古屋市上空で採集された硫酸アンモニウム粒子の電子顕微鏡写真です。大変興味深いことに、最近の研究によると、海中のプランクトンの活動の結果放出されたメタスルフォン酸などの硫黄化合物が、空気中でのいろいろな化学反応を通して、硫酸粒子を作り出すことが明らかとなりました。水とは異なる化学物質の微粒子が水滴である雲粒をつくるために必要であり、その一部は海の中のプランクトン、つまり微生物がつくり出していることは面白いことです。

吸湿性微粒子が核となって雲粒がつくられるのですから、雲の中、特に雲底近くの雲粒の数密度および雲粒の粒径分布は、空気中に、どのような化学成分を持ったどのような大きさの雲粒核が、どのくらいの数密度であるかによってかなりコントロールされてしまいます。衝突併合による雲粒の成長が起こるかどうか、そして雨が降り易いかどうかをきめる半径0・02ミリ以上の雲粒の存在は、実は、雲粒よりもさらに小さい吸湿性微粒子の存在がきめているわけです。

雨粒をつくり出す大きな雲粒が凝結のみでつくられるためには、次の条件のうちどちらかが必要と考えられています。一つは、初めから大きい雲粒核があるという条件です。雲粒の中により濃密に化学物質が溶けていれば凝結成長も速いため、初めから大きな雲粒がつくられ0・02ミリ以上の雲粒もつくられると考えられます。もう一つの条件とは、空気中の雲粒核の数密度が少ないこと、つまり雲の中の雲粒の数密度が少ないことです。上昇する空気塊が冷却し、含みきれなくなった水蒸気が凝結して液体の水に変わろうとする時、雲粒の数が少ないほど個々の雲粒が大きく成長する

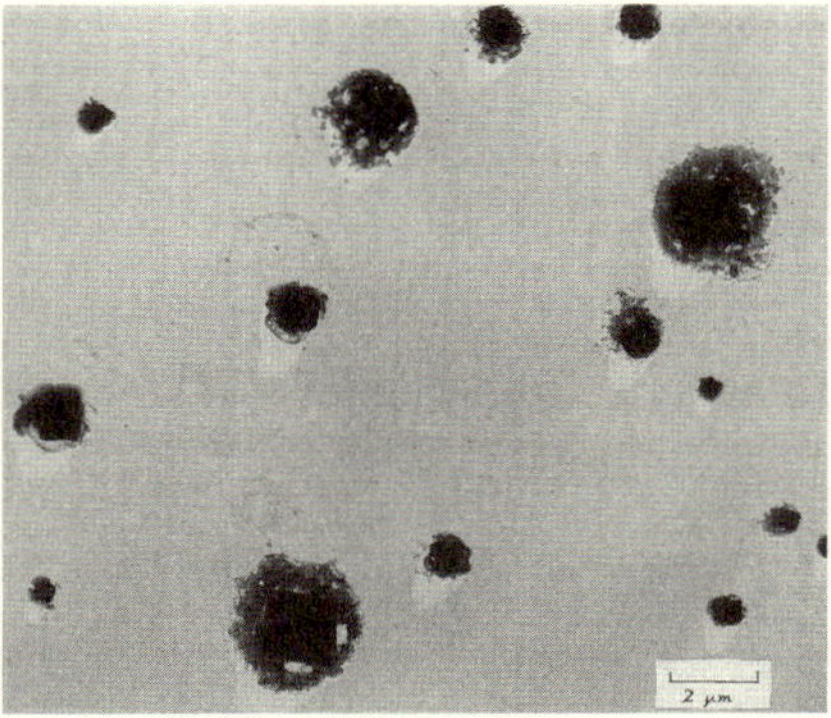

図3.5　空気中で採集された硫酸アンモニウム粒子の電子顕微鏡写真

ことになります。食物の量が同じならば、少ない人数で食べた方が沢山食べられるのと全く同じです。

前に、海辺の積雲はそれほど背が高くなくても早く雨が降ってくることが多いと述べましたが、それは、一般に海上では雲粒核の数密度が少ないからです。雲粒の数密度が空気1立方センチに数十個ということがよくあります。それに対して陸上では、海上に比べて雲粒核の数が1桁以上多く、1立方センチの空気の中の雲粒の数が数百個、時には1000個を超えてしまいます。そのような場合は、雄大積雲のようにかなり背の高い積雲でも衝突併合による雲粒の成長が起こらず、雨が降りにくいことになります。

このように、雲粒核の粒径分布、あるいは数密度が適当である場合は、それほど背が高くない雲からでも雨が降ってきます。雲の中ではしばしばさまざまな氷粒子がつくられますが、氷粒子がない状態で雨が降るところから、気象学ではこのような降り方の雨を〝暖かい雨〟とよんでいます。水蒸気と吸湿性微粒子を含む空気塊が次々と上昇して雲をつくり、雨を降らす現象は、それら微粒子のうちのどれだけが雲粒になるのか、その結果どのような雲粒の粒径分布がつくられ、その分布が凝結によりどのように変化するのか、衝突併合がいつ始まり、いかに効率的に雨が降ることができるのかなど、多くのミクロな過程が関係してくる大変複雑な現象です。飛行機を何機も

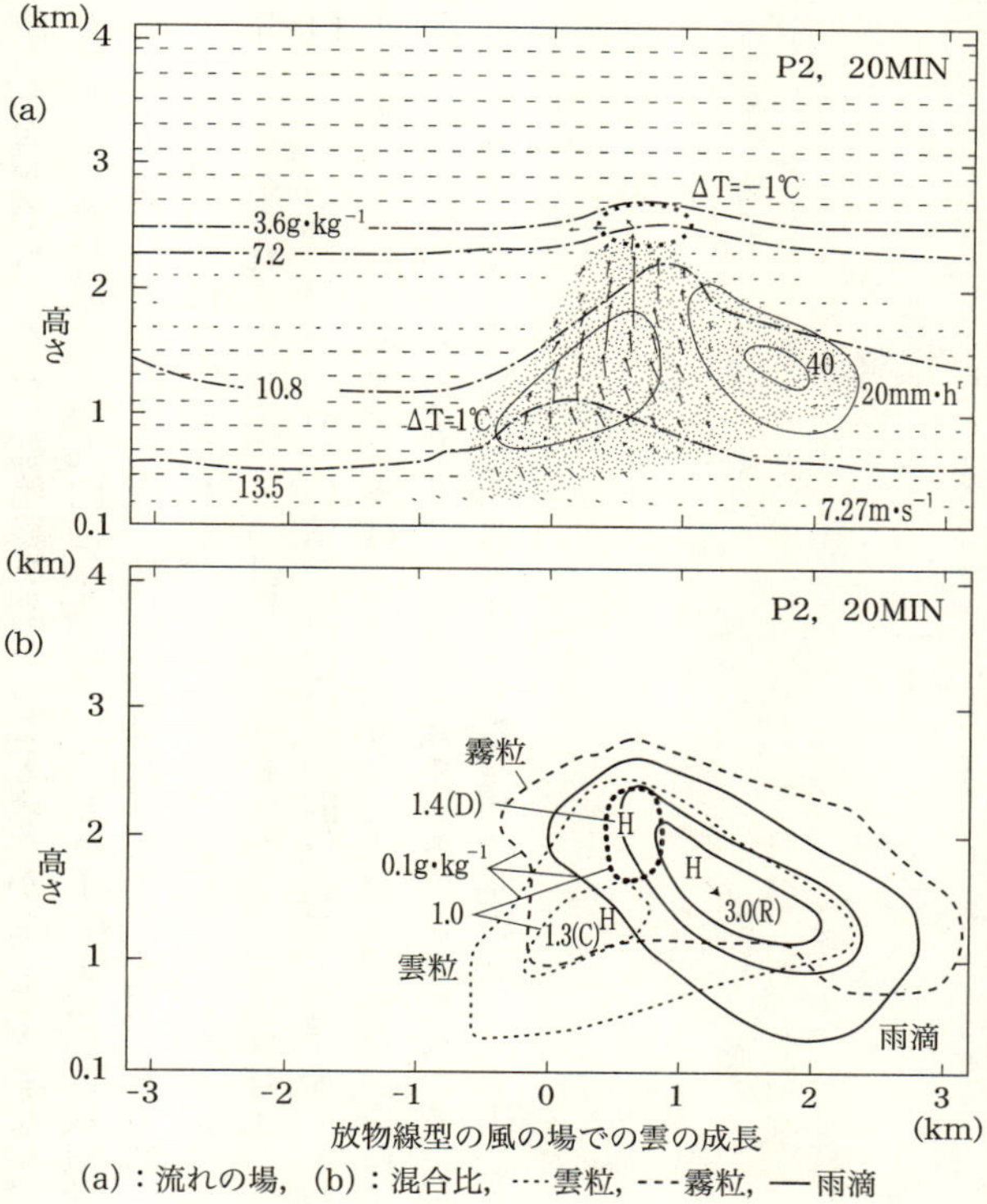

図3.6 コンピュータ・シミュレーションにより再現された雲　雲粒、霧粒と雨粒の分布が混合比（空気1.0キログラム中のグラム数）で示されている。高橋（1981）による

使った観測でも、その一部始終を調べることはなかなかできません。

このような現象は、一九四〇年代からコンピュータを用いた数値計算により調べられるようになりましたが、今では、高速コンピュータを用いた数値シミュレーションにより、雲全体について詳しく調べることができるようになっています。具体例が図3・6に示されています。その計算は大変膨大なもので、地球上の気候を再現する数値シミュレーション、あるいは1日から1週間位先までを予報する数値予報などとも匹敵するほどのものです。実は、このようなミクロな現象を雲全体にわたって詳細に調べることは、雨の科学として大切な研究であるばかりではなく、第5章でも触れるように、今では地球温暖化問題を理解するための基礎としても大変大切なものになってきています。

第4章　多くの雨は雪が融けたもの

雪のままで降るか、雨になるか

前章で述べた暖かい雨のように、雲粒の衝突併合により効率的に雨粒がつくられる場合を除いて、地球上、特に陸上に降る雨のかなりの部分は、上空でつくられたさまざまな降雪粒子が落下してくる途中で融けたものです。大粒の雨が降ってくる時は、上空では大きなひょうや雪片が降っています。

「なぜ、ひょうは暑い夏に降ってくるのか」といった質問もよく受けるのですが、夏には大きなひょうをつくり易い雲が発達し、そのひょうが地表まで融け切らないで落ちてくるからなのです。

地表に雪のままで降るのか、雨となって降るのかを予報することは、交通のみでなく、日常の生活でも大変大事なことなのですが、この予報は必ずしも容易ではありません。もちろん、気温の下がり具合を予報することが難しいこともありますが、気温が低いほど地上に雪が降りやすいというだけではなく、図4・1に示すように、雪が降るか、雨が降るか、あるいはみぞれ（雪まじりの雨）が降るかには、降ってくる途

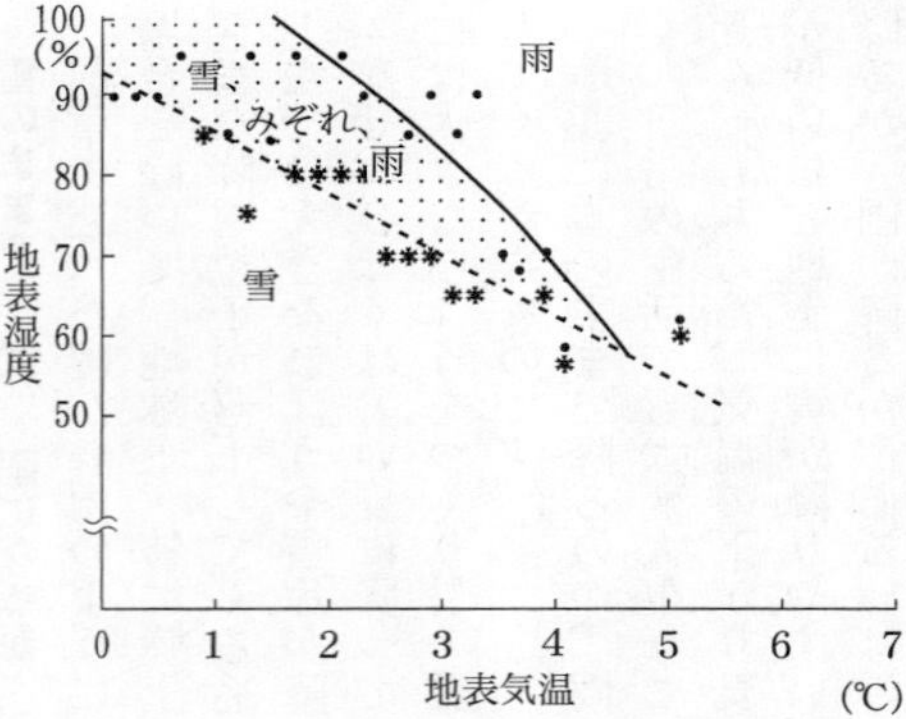

図４.１　雨、みぞれ、雪と地表気温、地表湿度との関係　松尾・佐粧・佐藤（1981）による

中の湿度も関係しています。途中の空気が乾いていると、降ってくる雪粒子、雨粒がよく蒸発し、粒子の温度と同時に周りの空気を冷やしてしまうため、後から降ってくる雪粒子が途中で融けないままに地表に到達し易くなるからです。

雪粒子のタイプと大きさ

雨粒のみかけの違いは大きいか小さいかのみですが、雪粒子は美しい結晶、あられ、ひょう、雪片など、そのタイプ、形は実にさまざまです。図４・２は複雑な雪粒子のタイプ、形をわかり易く分類したものです。雨の科学の立場からみた雪粒子のおもしろさは、タイプ、形が異なると落下速度が大きく違うことです。樹枝状など六角形の美しい雪結晶の落下速度は毎秒数十センチで、１メートルを超えることはありませんが、多数の雪粒子が集合した雪片も、高々毎秒１メートル程度で落下してきます。一方、あられの落下速度は毎秒

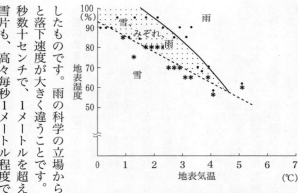

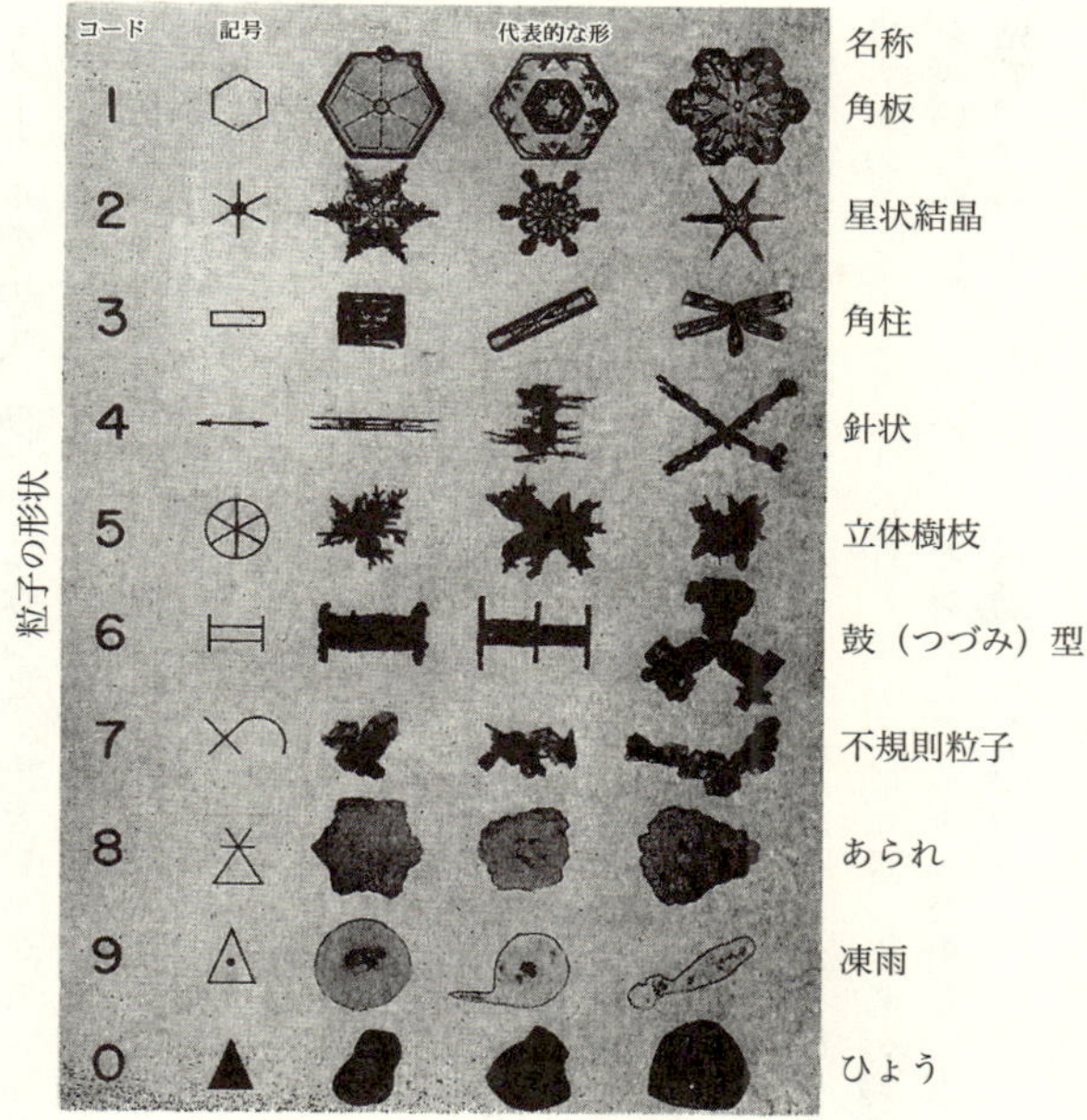

図4.2 降雪粒子の種類と代表的な形　メーソン（1971）（武田喬男、『水循環の科学』、東京堂出版、1987）

1メートルを超え、ひょうになると、大きいものでは毎秒数十メートルに達するものがあります。日本では大きいひょうはあまり降りませんが、国によってはゴルフボール大とか、時にはソフトボール大のものまでが降ってきます。降雪粒子の落下速度の違いは粒子の成長の仕方の違いの結果でもあるのですが、粒子のタイプにより落下速度が違うことが、また、それらの成長のしかた、速さに大きく影響していることが面白いところです。

前章で述べたように、雲粒から雨粒がつくられる場合には、衝突併合が始まる条件が必要であり、また、半径3ミリ以上の雨粒は分裂してしまうため最大の大きさがきまってしまいます。ところが雪粒子の場合は、直径十数センチの雪片とかソフトボール大のひょうのように、非常に大きなものもつくられます。後で述べるように、雲の中ではなかなか氷粒子はできないのですが、いったんつくられると、大きな氷粒子が早くでき、従って雨も降りやすいということになります。暖かい雨の機構が働きにくい雲では、氷粒子がつくられることが雨が降るために不可欠な条件なのです。以前、カナダのモントリオールに住んでいた頃、遠くからの鐘の音を聞きながら冬の夜の街を歩いていた時、直径が1センチもあるような美しい雪結晶が次々と降ってくるのを見て、びっくりすると共に感動したものです。

氷粒子の成長

雲の中の氷粒子もまた、雲粒や雨粒と同じように凝結と衝突併合により成長します。ただし、凝結といっても水蒸気が直接氷になる過程で、昇華凝結あるいは単純に昇華といわれます。また、衝突併合は、気温が０度以下の雲の中で過冷却の状態（詳しくは次項を参照）になっている雲粒が氷粒子に衝突して併合される過程で、雲粒は衝突した氷粒子の上でたちまちのうちに凍ってしまいます。

美しい形を示す雪結晶は、主に氷粒子が昇華凝結の過程で成長したもので、結晶の形は六方晶形であり、平板状か角柱状かに大きく分類されます。平板樹枝といわれる誰もが見なれた雪結晶は前者であり、針状結晶といわれるものは後者です。図４・３に示されているように、成長するときの気温が０〜−3度であると平板状、−3〜−10度の間では角柱状、−10〜−22度では平板状、そして−22度以下では角柱状になり、周りの空気中の水蒸気の量によってそれらが樹枝状の六角板とか骸晶構造（中空になっている）の六角柱とか、形がさらに複雑化します。「雪は天からの手紙である」という言葉は、雪結晶の形がまわりの気温や水蒸気量を反映することからもきているわけです。

気温と共に結晶形が平板状、角柱状と変わっていくことは古くから知られていること なのですが、なぜそうなるのかについては、有力な説がいくつかあるものの、未だに

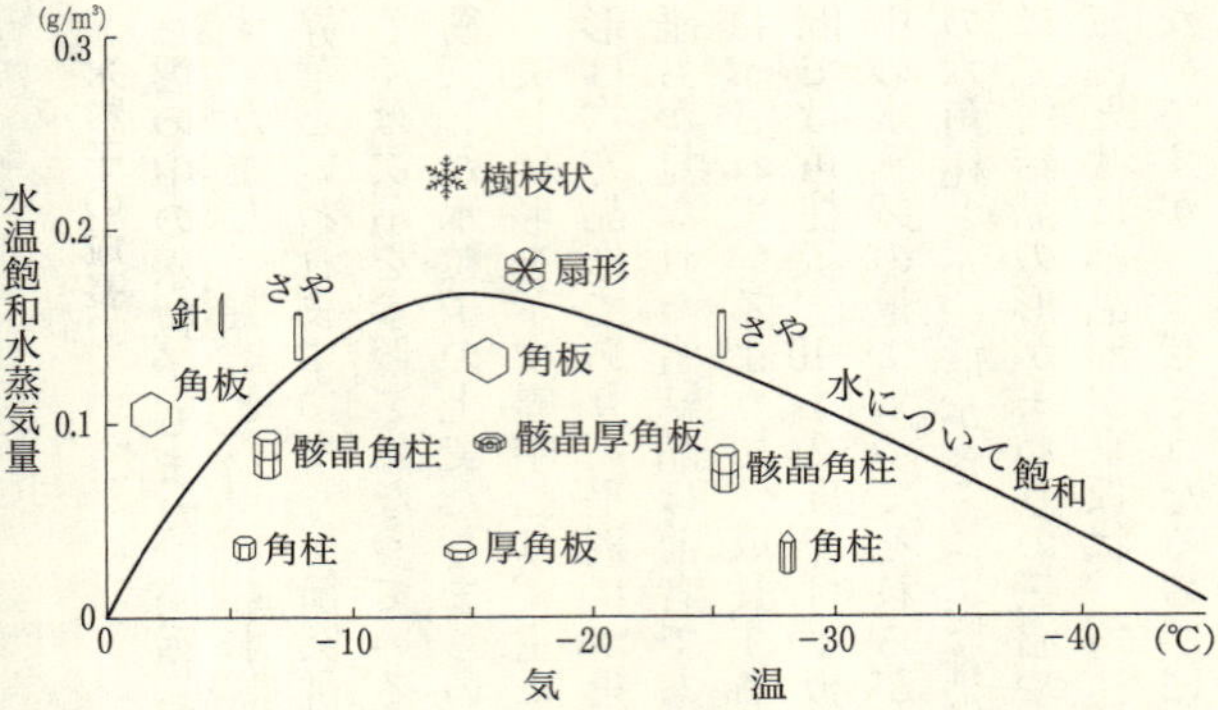

図４.３ 雪結晶の形と気温、過飽和度との関係（小林ダイアグラム）
縦軸の過飽和度は氷飽和水蒸気量からの水蒸気量の差で表現

完全には説明されていません。

美しい雪結晶にはかなり大きいものもありますが、氷として含む水の量は少なく、融けても大きな雨粒にはなりません。都会も含めて、日本の平野でみる降雪粒子は雪結晶に多数の過冷却水滴が付着して凍ったもの（雲粒付き雪結晶という）か、それらが更に多数集まった雪片であることが多いようです。雪片はしばしば直径が数センチから十数センチにもなり、融けたときは大きな雨粒を作り出します。雪粒や雨粒の衝突併合でも、水滴同士の落下速度が違うことが重要であったように、氷粒子が集まって雪片をつくる場合も、それらの落下速度が互いに違うことが大切です。従って、落下速度がそれほど違わない平板樹枝状の雪結晶のみで雪片がつくられるよりは、雲粒付き雪結晶などがあった方が雪片はつくられ易いと言うことができます。

雪片を丁寧に解きほぐして、構成している個々の氷粒子を顕微鏡でみると、実にさまざまなタイプ、形の氷粒子からなっていることがわかります。面白いことは、いが栗のように表面に針が沢山ある雪粒子が雪片の中によくみられることです。固体である氷粒子同士ですから、水滴同士のようには衝突しただけでは併合できず、くっついても、ちょっとした刺激ですぐばらばらになってしまいます。ぼたん雪がそうであるように、地上の気温が少し高めの方が大きな雪片がよく降ってくるのは、衝突した氷粒子同士が再凍結したりして、しっかりとくっつくことができるためとも考えられます。針の沢山ついたいが栗状の氷粒子は、雪片をつくるための糊の働きをしているのではないかと想像するのも楽しいことです。

実は、降ってきた雪片がどのような氷粒子で構成されているかは、雨の科学としても大変重要なことなのですが、意外なことに未だに研究例は多くありません。地味であり、作業が大変なためかも知れません。顕微鏡さえあれば誰でもできることですので、ひとつ試みてはいかがでしょうか。ただし、個々の氷粒子を融かしてはいけませんので、作業はすべて寒い戸外ですることになりますし、自分の息が雪片に絶対にあたらないようにマスクをしながら細かい楊子の先などで時間をかけて丁寧に分解しないといけません。楽しい一方、神経をかなり使う作業です。

あられやひょうも、融けた時に大きい雨粒をつくり出すものです。気温が少し位高くても、ひょうは融けきらずに地表にまで落ちてくることがよくあります。両者とも基本的に昇華凝結よりも次に述べる過冷却した雲粒の捕捉の方がはるかに卓越して成長したもので、直径が5ミリを超えたものがひょうであると定義されています。氷粒子の成長の特徴として、いったん過冷却雲粒の捕捉の方が昇華凝結よりも卓越すると、落下速度がより大きくなり、ますます雲粒を捕捉し易くなります。ここでは詳しい説明は省きますが、あられやひょうができるためには、雲の中に過冷却の雲粒が沢山あることが必要であると共に、雲粒捕捉の方を卓越させるための条件、つまり落下速度の速い氷粒子ができることが必要です。また、落下速度が毎秒数十メートルになるような大きなひょうがつくられるためには、落下速度が大きいにもかかわらず、長い時間雲の中に滞在して、沢山の過冷却雲粒を併合し続けることが必要です。このことが実現するためには雲が特殊な構造をしていることが必要ですが、その詳しい説明は第7章ですることにします。

このように、雨が降っている時、雲の中では実にさまざまな氷粒子、雪粒子がつくられており、その過程は実に複雑です。大雨が降るためには雲の中では多量の雪粒子がつくられることが必要であり、大きな雨粒が降ってきた時には、上空で大きな雪粒子がつくられています。第2章で述べた雨粒の粒径分布は、さまざまな雪粒子が雲の中でつくられてきた経過の全てを反映しているわけです。

雲粒は凍りにくい

多くの場合、雨が降るためには雲の中で氷粒子がつくられることが必要なのですが、その氷粒子は実はかなりつくられにくいものなのです。一般に、気温は高さと共に下がりますので、地上気温が0度以上であっても、雲の多くの部分は0度以下の状態です。ところが、雲を構成している雲粒はなかなか凍ることができず、過冷却のままであることが普通です。日常生活では水は0度以下になると凍るものですが、それらの水は必ず何かの物体に接しています。一方、何にも触れずに空中で浮いている雲粒は、かなり低温になるまで凍ることができません。

純水の小水滴がどのくらい低温まで凍らないでいられるかについては、多くの実験がなされてきました。水滴を、空気以外のいかなる物体にも接することなく、いかなる固形物質も含まず、振動などの刺激も与えられない状態で冷やすわけですから、大変難しい実験です。これまでの実験によると、雲粒程度の大きさの小水滴は−35〜−40度くらいまでは凍らず、それ以下になってようやく凍ると考えられています。巻雲のような上空の雲は、−40度前後の低温の大気中にある雲ですので、大体氷粒子で構成されていますが、他のタイプの雲では雲頂がかなり上空まで伸びない限り、雲粒は過冷却状態のままで凍りません。

しかし、雲頂が-40度以下にならない雲からでもしばしば雪が降り、雨が降ってきます。そのような雲では、過冷却雲粒はどのようにして凍るのでしょうか？　雲粒がつくられる時に大気中の微粒子が雲粒核として大切な働きをしていたように、雲粒が凍る時にも核となる微粒子が必要なのです。ただし、雲粒核は吸湿性の微粒子でしたが、氷粒子の核となる微粒子の多くは土壌粒子、鉱物粒子です。これは、雲粒は凍る時に氷の結晶（氷晶）にもなっていくわけですので、核となる微粒子も適当な結晶構造をもっている方が有効なためと考えられます。これらの微粒子の氷晶核、あるいは自然氷晶核とよばれていますが、初めから雲粒の中に含まれていて温度が0度以下になってから核として働き出すこともありますし、過冷却の雲粒に接することによって雲粒を凍らせることもあります。また、微粒子そのものの表面が濡れて水膜で覆われ、それが凍ることもあると考えられています。火山灰や黄砂の微粒子もまた大変有効な自然氷晶核です。このようにしてつくられた氷晶が昇華凝結のみで成長すれば、美しい雪結晶となるわけです。地球上ではしばしば大きな火山噴火が起こり、多量の火山灰が大気中に吹き上げられますが、火山灰に含まれていた微粒子が、いろいろな地域の雲の中で有効な氷晶核として働いてもおかしくはありません。

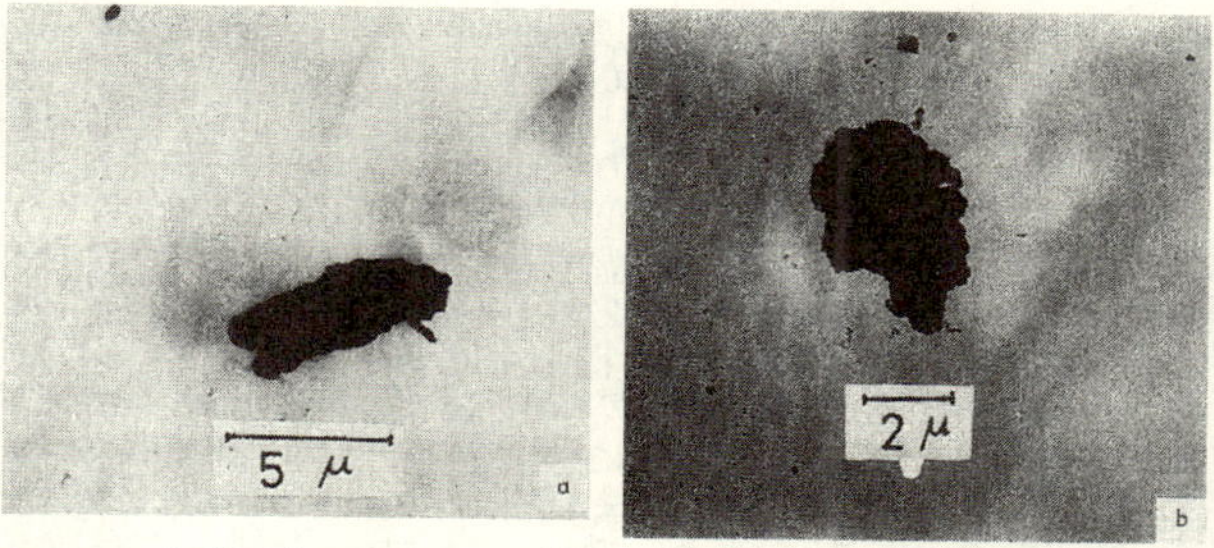

図4.4　北米西岸のワシントン州にあるオリンポス山で採集された氷晶核の電顕写真　礒野他（1971）による

後で述べるように、日本海沿岸の降雪は地球上でも特殊な現象なのですが、ミクロにみても大変面白い現象です。黄砂粒子、あるいは土壌粒子として大陸から飛来してくる自然氷晶核が大変有効に働きますし、日本海から吹き上げられる海塩粒子が有効な雲粒核として働いています。実は、大陸からの土壌粒子は、日本列島のみでなく太平洋を越えてアメリカ大陸まで到達しているのです。もう30年以上前になりますが、私は、シアトル市の近くにあるオリンポス山の氷河の上に滞在して、約2ヵ月間自然氷晶核の観測をしたことがあります。氷河の上で採取した空気の中に氷晶を人為的につくり、その核となっていた微粒子を調べるのですが、日本列島に大陸からの土壌粒子が到達してから約1週間後に、同じ種類の土壌粒子が間違いなくその氷河の上にも到達していることを確認しました。図4・4は氷河の上で採取した微粒子の電子顕微鏡写真です。

地球上の自然氷晶核の特徴の一つは、数が非常に少ないことです。雲粒核となる微粒子は1立方センチの空気の中に数十個から数百個、時には1000個以上ありましたが、自然氷晶核の数は、おおざっぱに言うと、-20度の空気1リットル（1000立方センチ）の中で1個が働く程度です。ある自然氷晶核が実際に核として働くかどうかは確率的な現象であり、その確率は気温が低くなるほど増えていきます。全く同じ氷晶核が空気1リットル中に1万個あったとした場合、-20度では1個しか核として働かなくても、-30度では1000個が働きうるというようなことです。一般的に言うと、雲頂が-20度よりも暖かいような雲では、その中に氷粒子があることは少なく、雲頂がより低温の上空にまで伸びている雲は、氷粒子を含んでいることが多いことになります。雲の中に氷粒子があることがその雲から雨が降るための大きな条件である一方、自然氷晶核の数は少なく、雲が過冷却であっても、なかなか氷粒子ができないというわけです。自然氷晶核が少ないからこそ、雲に人工氷晶核という種をまいて氷粒子をつくり、雨を降らす人工降雨が可能なわけです。

氷晶をつくるには、氷の微粒子が一番効果的な氷晶核になるはずです。雲の中で大きめの過冷却雲粒が急激に凍ると、微小な氷片が沢山飛び散るという現象が起こります。水が凍る時わずかに体積がふえるため、雲粒が表面から急激に凍ると、雲粒の中心部に取り残された水の圧力が高くなります。その圧力が十分に高くなると今度は中心部から外側に吹き出し、その際氷が微小な氷片となって空気中に飛んでいくことになります。当然、これらの微小な氷片は有効な氷晶核ですので、周りにある多数の過冷却雲粒を凍らすことができるわけです。雨粒が分裂して連鎖反応を起こすのに似ています。しかし、このような現象が起こるためにも、初めに自然氷晶核の働きで氷晶ができることが必要であることはいうまでもありません。

種まきをする雲

シャワー性の雨をもたらす積雲、積乱雲などの対流性の雲の場合は、それぞれの雲が低温の上空にまで伸びて、それらの雲頂部付近に氷粒子ができるようになるのですが、広域に弱い雨を長時間もたらす層状性の雲の場合は、氷粒子のつくられ方が少し違います。高さ４〜８キロの中層にある層状性の雲は、多くの場合、低気圧や前線に伴う大規模な上昇気流によりつくられます。これらの雲は雨を降らすのに十分な水の量の過冷却雲粒を含んでいるのですが、暖かい雨のようには衝突併合による雲粒の成長が起こることもなく、また、雲頂気温がそれほど低くないためこの雲のみでは氷粒子ができにくい状況にあります。つまり、雪や雨となる水は十分にもっていても、雪や雨を降らすための雨粒子や氷粒子はつくられにくいというわけです。

このような中層雲から雪が降り雨が降る過程には、図４・５に示すように二つの夕

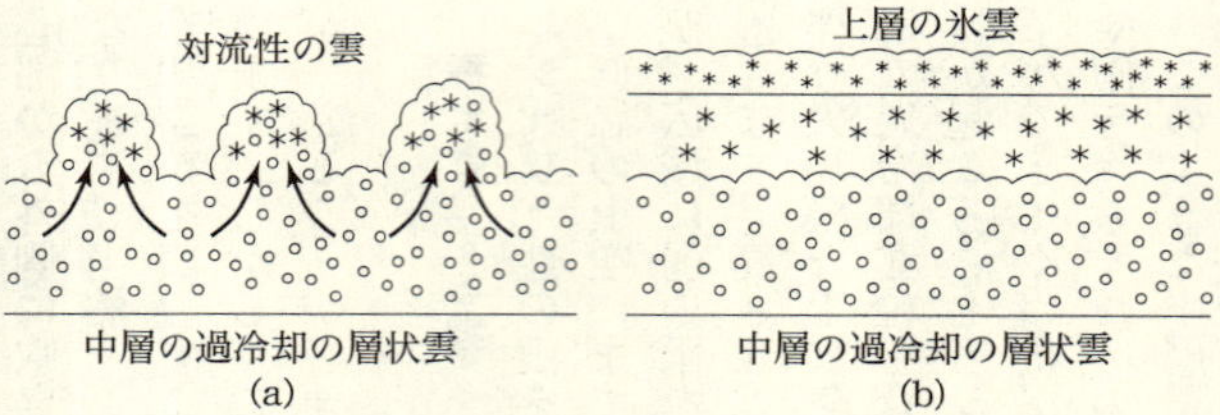

図4.5　中層の過冷却の層状雲の中で氷粒子がつくられる二つのタイプ
(a) 中層の層状雲の上部に対流性の雲が発達し、そこで氷粒子がつくられる
(b) 中層の層状雲のさらに上層にある雲から氷粒子が供給される

イプがあります。その一つは、大気層の気温、水蒸気量の高度分布がある条件を満たしている場合に、その大気層が上昇して層状性の雲ができ、さらにその雲の中に対流が起こり易い条件が整っているタイプです。そのような大気層は対流不安定、あるいは潜在不安定な大気層とよばれます。層状性の雲そのものの雲頂はそれほど高くなく、氷粒子はできにくいのに、その雲の中のあちこちで対流が起こり、その結果、部分的に雲頂が高く伸びたところができます。つまり、そこは自然氷晶核が働くのに十分低温であり、十分な数の氷粒子もできるわけです。このような対流雲は降雪粒子となる氷粒子をつくることから生成セルとよばれます。いったん氷粒子ができれば、層状性の雲には多数の過冷却雲粒があるのですから、それらを消費して氷粒子は成長できるわけです。空気中を落下する氷粒子が過冷却雲粒を捕捉し、あられや雲粒付き雪結晶として成長したり、昇

華凝結により雪結晶として成長したりします。

　氷粒子は生成セルから落下しながら成長し、風に流されて縞のように見えることからストリークとよばれています。層状性の雲からの弱い雨が降り続く中で時々強い雨がシャワーのように降るのは、この部分の降雪粒子が地上で雨として降るからです。

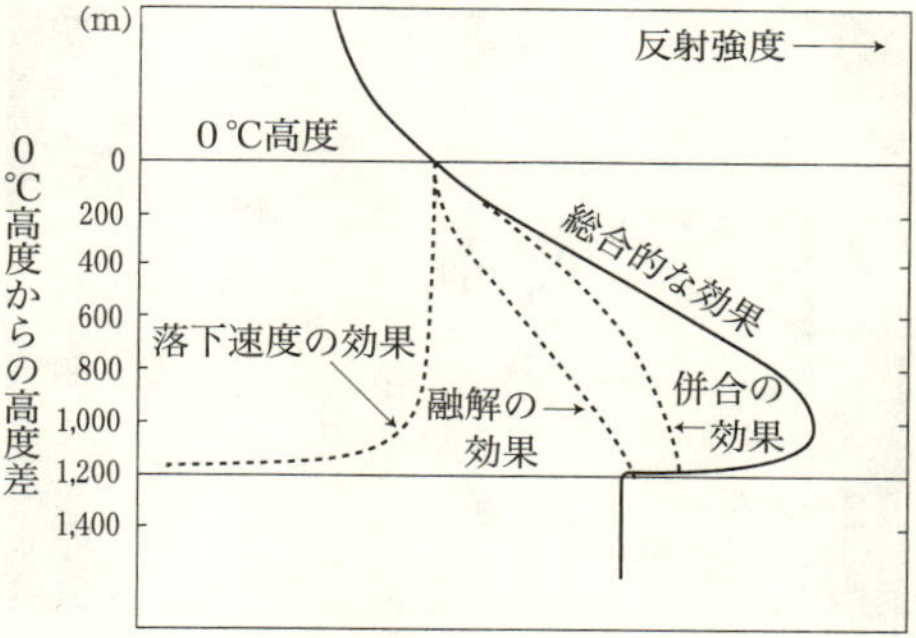

図4.6　気温0度の高度の下に観測されるブライトバンド　降雪粒子の併合、表面の融解、落下速度の増加などの効果により、そこでは上下のレーダエコーより強いエコーが観測される。オースティンとベミス(1950)による

　生成セルでつくられた氷粒子は、このストリークのみでなく層状雲全体にも供給され、他の部分でも降雪粒子が成長し落下していきます。降雪粒子が融け始める気温0度の高さから下の厚さ数百メートルの層内では、レーダ電波が強く反射されて明るい帯のように見えるため、ブライトバンドとよばれています。図4・6に示すように、これは降雪粒子が融けかかって表面が濡れてくるとレーダ電波を反射しやすくなること、それが融けきって雨粒になると雨粒は降雪粒子よりも体積的にはず

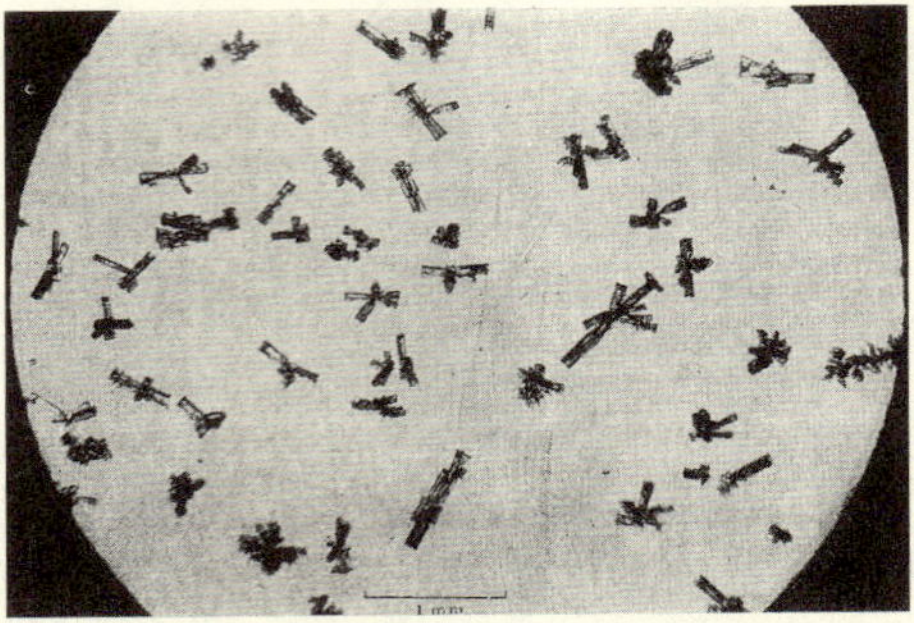

図4.7　上層の氷雲の中で採集された氷粒子（砲弾型結晶）　ヘイムスフィールドとノーレンバーグ（1972）による

っと小さくなること、また、雨粒が分裂してさらに小さな雨粒になることなどのために、融け始めの降雪粒子はその上下の高さに存在する粒子よりもレーダ電波をより強く反射するためです。ブライトバンドが観測されることは、上空の雲でつくられた降雪粒子が落下中に融けることにより雨粒がつくられていることを示す証拠ともいうことができます。

中層の層状雲から雪が降り、雨が降るためのもう一つの過程は、より上空の雲からの氷粒子の落下です。上空ほど気温が低くなるわけですから、高い雲の中ではより沢山の氷晶核が働きますし、気温が十分に低ければ、全ての雲粒が凍ってしまいます。巻雲などの上層雲は、角柱状の雪結晶とか砲弾集合とよばれる氷粒子などで構成されています。図4・7にそれらの雲の中で観測された氷粒子を示します。氷粒子は水滴よりも蒸発しにくいという性質がありますので、これら上層の雲から落下してくる氷粒子は、かなり下の大気まで蒸発し切らないで落ちてくることができます。雲から４０００メートル下でも氷粒子が観測された例がありま す。巻雲の刷毛ではいたような白い筋は、それらの氷粒子が落ちている、あるいは流れているところを示しているのです。

このような上層の雲の氷粒子が中層の過冷却の雲の中に落ちていけば、それらは周囲に十分にある過冷却雲粒を消費してさらに大きな降雪粒子に成長できます。雪や雨を降らすのに十分な水を保有しているけれども、自分のみでは雪や雨のもととなる氷粒子をつくれない中層の過冷却の雲と、十分な量の水は保有していなくとも、多数の氷粒子をつくることのできる上層の雲があり、それら2種類の雲が組み合わさることにより効率よく雪や雨が降ることになります。大変面白い雨の降らせかたです。前者の雲は水を供給するものということでフィーダー（feeder 養うという意味）雲とよばれ、後者の雲は降雪粒子となる氷粒子をまくものとしてシーダー（seeder 種をまくという意味）雲とよばれます。そして、このような雪、雨の降らせ方をシーダー・フィーダー・システムによる降水機構と言います。ほとんどの人工降雨で行う〝種まき〟は、有効な人工氷晶核である沃《よう》化銀微粒子を飛行機などを用いて過冷却の雲の上からまくもので、〝人為的な種まき〟とよばれますが、上述のような種まきは〝自然の種まき〟とよばれることがあります。

二層の層状雲からなるシーダー・フィーダー・システムに高さ1～3キロにある下

層の層状雲がさらに加わって、多層の雲システムとして雨を降らすこともあります。中層の雲の中で成長した降雪粒子が、落下の途中で融けて雨粒となり、それらの雨粒が落下しながら下層の雲の中の雲粒を捕捉してさらに大きくなって地上に到達するわけです。一般に、中層の雲の雲粒となる水蒸気と、下層の雲の雲粒となる水蒸気は、それぞれが異なる大気の流れにのって異なる起源から運ばれてきたものです。それらの起源の異なる水が、これもまた異なる起源からの水蒸気でつくられた上層の雲の氷粒子の働きで、縦方向に集められて雨となって一緒に降ってくるのですから、地球上の降水機構は精妙なものです。

第5章　雨の降り方は人間活動によって変わる

気象の人工調節は人類の夢？

人工降雨のほとんどは、人工的な氷晶核である沃《よう》化銀微粒子を飛行機、あるいは地上の図5・1のような発煙機を用いて雲に供給し、過冷却の雲の中に氷粒子を人為的につくろうとするものです。沃化銀微粒子は−4度前後で氷晶核として働きます。雨を降らすために大変重要な自然氷晶核が少ないからこそ、人工的な氷晶核を雲の中にまくことにより雨を降らすことが可能であるわけです。つまり、人工降雨は、すでに過冷却の雲粒を十分に含み、雨を降らす可能性をもっているのに自力では雨を降らすことができない雲を対象にして、人為的に雨を降

図5.1　沃《よう》化銀発煙炉　W.N.Hess『WEATHER AND CLIMATE MODIFICATION』、1974より

らすことです。正確に言うと、人工降雨ではなく、人工増雨です。

大気中に上昇気流が生じ雲がつくられる現象は大変規模の大きいもので、山火事や大火事で雲ができることはあっても、人間が大気に与えることのできる水蒸気やエネルギーの量では容易には雲はできません。雲そのものを人為的につくろうとする人工降雨は、人間の力ではなかなかできることではないのです。それでも人工降雨が可能であるのは、雨が降るという現象をコントロールするものがミクロな現象であり、さらに微量なものであるからです。

人工降雨のみではなく、ひょうの人工抑制、台風やハリケーンの人工制御、霧消しなど、気象の人工調節の多くは、過冷却の雲、あるいは霧に沃化銀微粒子をまき、人為的に氷粒子をつくろうとするものです。ひょうは、氷粒子が多量の過冷却雲粒を捕捉し凍結してできるものですので、ひょうの人工抑制は、過冷却雲粒が沢山あるところに沃化銀微粒子をまき、ひょうに捕捉される前にそれらを多数の小さな氷粒子に変えてしまおうとするものです。台風の人工制御もまた、台風内の積乱雲群に多量の沃化銀微粒子を数機の飛行機でまき、多数の過冷却雲粒を急激に凍らそうとするものです。空気中で水蒸気が凝結して水に変わる時、熱が空気中に放出されますが、台風は大気中に放出される多量の熱をもとに発達するものです。ただし、放出された熱の台風内での分布、および気温の分布が台風の発達、維持に微妙に効いています。台風の人工制御では、多量の過冷却の水が急激に凍れば、放出される熱の分布、気温の分布もまた変わり、台風の発達のしかたが変わることを期待しているのです。霧消しもまた、空気中に浮かんでいる過冷却の霧粒を人為的に氷粒子に変えて成長や落下を早めることにより、霧を速やかに消そうとする試みです。

いずれの気象調節においても、大きな問題点は、実際に起こったことが本当に人為的に調節した結果であるのか、自然現象として起こったことであるのかの判定が非常に難しいこと、および調節しようとした現象が結果的に人間生活に悪い影響を与えるかも知れないことです。特に、しばしば災害をもたらすひょう、台風などの人工調節の場合は、社会問題になることもあります。現に、調節しようとしたハリケーンが北アメリカに上陸して大災害をもたらした時は、その災害が人工調節のためではないかと大きな問題にもなりました。

数十年前に私が研究の世界に入った頃は、気象の人工調節は気象学における大きな夢でした。私もしばしば人工降雨の実験に参加しました。しかし、その後、さまざまな公害が報告され、また環境問題、さらに地球環境問題が大きな社会問題となり、人間がその活動、生活を通じて〝無意識〟に気象を変えること、変えるかも知れないことが危惧されるようになるにつれ、今では、飛行場の霧消し、雨の非常に少ない地域での人工降雨を除いては、世界的にも気象の人工調節はそれほど活発ではありません。ただし、忘れてはいけないことは、これまで述べてきたような雲、雨、雪の科学は、世界中の研究者が気象の人工調節を一つの夢、目標として雲のミクロな物理を研究してきたからこそ、飛躍的に進歩してきたことです。

都市とその周辺の降雨の変化

雲粒核、氷晶核のように微小なもの、あるいは微量なものが雨や雪の降り方に大きな影響を与えていることは、人工降雨を可能にする一方、さまざまな人間活動による汚染粒子が雨や雪の降り方を変えている可能性があることを意味しています。これは、人間が意識して気象を変える人工降雨とは違って、無意識のうちに気象を変えてしまうことです。都市とその周辺では人間活動の結果雨の降り方が変わったという報告が世界各地でなされています。ここでは資料がやや古いものになりますが、二つの例を紹介することにしましょう。

一つは日本の例で、都市とその周辺ではその周りの地域に比べて年間の微雨日数が多い、あるいは年と共に増えているという報告です。微雨とは1日の雨量が1ミリ以下の非常に弱い雨のことをさします。図5・2にみられるように、東京、横浜、名古屋、岐阜、大垣、新潟の各都市の微雨日数は、一九五〇年代までの平均として明らかに周りの地域よりも多くなっています。最近は、このような気象記録のとりかたがな

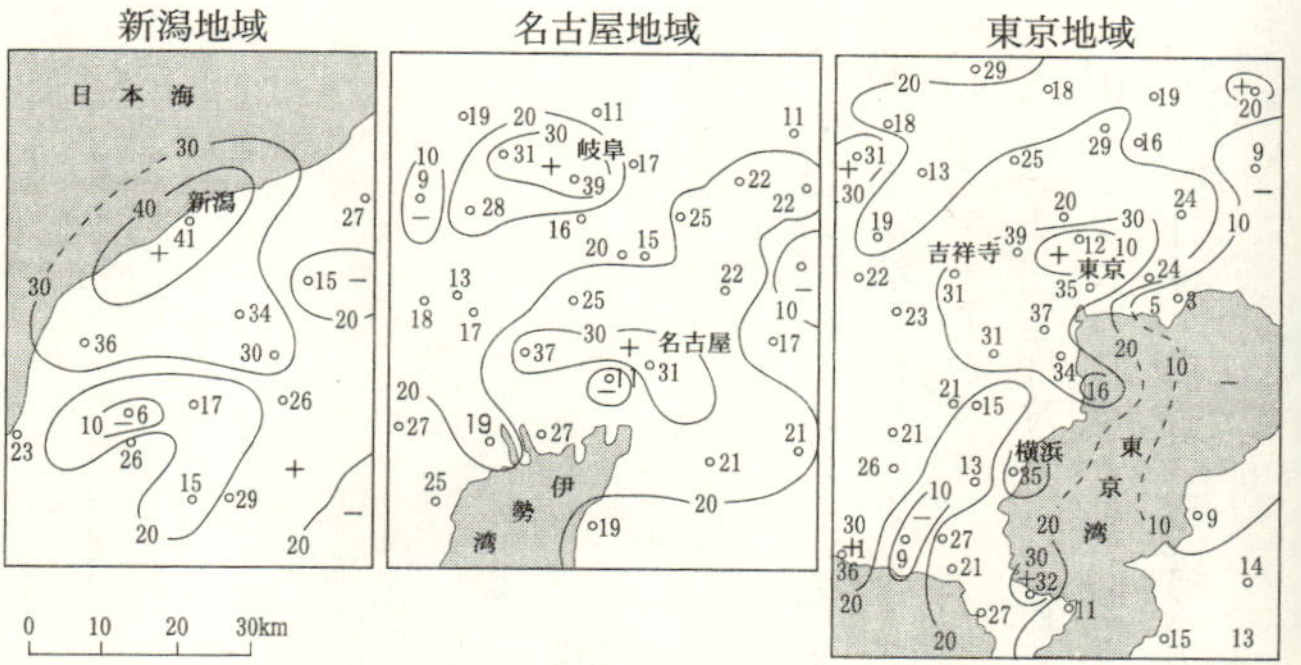

図５.２ 1950年までの年平均微雨日数の分布　微雨は日雨量１ミリ以下の雨をさす。新潟市、名古屋市、岐阜市、東京都などではそれらの周辺地域よりも微雨日数が多い。吉野（1957）による

くなっていて、その後このような傾向がどのように変わっているかは分かりませんが、人間活動が雨の降り方を変えていることを具体的に示すものとして大変興味深い報告です。もともと都市上空では雲粒核が沢山ありすぎて暖かい雨の機構は非常に起こりにくいはずですが、飛行機による観測、あるいはコンピュータを用いた数値シミュレーションなどの結果をもとに推測すると、上述の傾向は、雲粒核の数は多いけれども、その中に雲粒の衝突併合のきっかけになるような大きい雲粒核が人間活動の結果として大気に与えられたためと考えられます。工場、その他の人間活動は多量のイオウ化合物を空気中に放出しているわけですから、代表的な雲粒核である硫酸、あるいは硫酸アンモニウムの微粒子もまた人

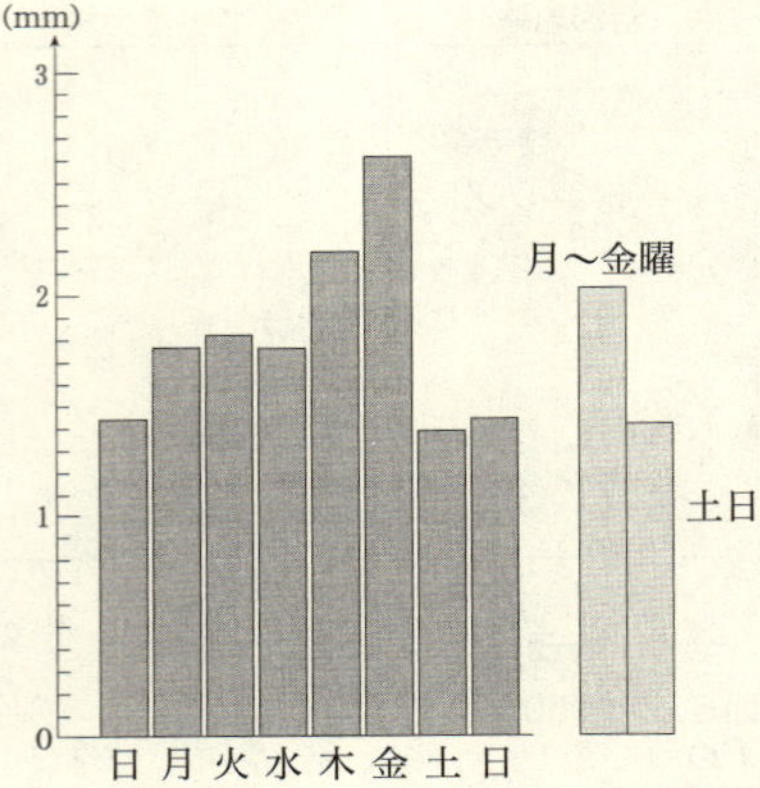

図５.３　1960年から1967年までのパリにおける各曜日の平均降水量　週末の土曜日、日曜日の降水量が少ない。デトウィラー(1970) による

間活動により与えられています。その中には半径０・０２ミリ以上の雲粒をつくるような大きめの微粒子もあり得るわけです。

もう一つの興味深い例は、都市の雨の降り方が週の曜日によって変わるというもので、このような報告は他の都市についてもありますが、ここではパリの例を図５・３に示しておきます。一九六〇年から一九六七年までの平均として、平日の降雨量に比べて週末のそれが少ないことがよく分かります。通常、交通量など、都市活動は平日と週末でかなり差があり、この結果は、そのような差を反映していると考えられます。このような雨の降り方の変化は雲粒核の差によるものと解釈することもできますが、実際には現象はもう少し複雑なのかも知れません。

雨のミクロな特徴という話からはずれますが、都市活動は大気にさまざまな影響を与えています。皆さんがよく知っているヒートアイランドは、クーラーその他、人間

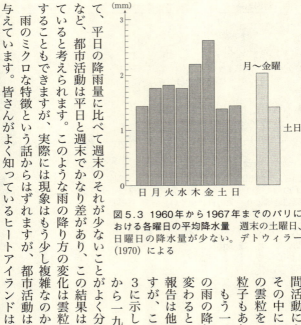

活動の結果として大気中に放出される熱、およびコンクリート舗装などの効果が関係して、都市上空の気温分布が郊外のものとかなり違ってしまうことです。また、都市に林立するビル群は大気からすると吹いている風を邪魔するものであり、行き場を失った空気は上空に昇らざるを得ません。つまり、ヒートアイランドにしても、風に対するビル群の効果にしても、都市上空では局地的に空気が上昇しやすく、雲、特に対流性の雲ができやすく、また発達しやすい傾向にあります。以前、私も小さなセスナに乗って大気の観測をしていた時、名古屋市の中心部でセスナがすうっと上がったことに驚いたものです。

このような都市の効果も、当然、雨の降り方に影響するものと考えられます。ここでは詳しいことは省略しますが、大都市ではその周辺地域に比べてシャワー性の強い雨が降る頻度、あるいは雷雨が起こる頻度が高いという報告は数多くあります。二〇〇二年の夏に東京都で起こった激しい雷雨は都市効果のために局地的に起こったものであるという研究例があり、テレビなどでも報道されました。記憶している人がいるかも知れませんね。

地球温暖化の鍵をにぎる雲

ここまで述べてきた都市とその周辺での雨の降り方の変化は、都市の人間活動が局地的に影響するものであり、まだ、地球上の雨の降り方を大きく変えるものではありません。しかし、現在、重要な地球環境問題として危惧されていることは、増大する人間活動のために地球全体での雨の降りにくい雲の増加です。海上の雲、特に積雲に比べて陸上のものは暖かい雨が降りにくいことは前にも述べました。これは陸上では雲粒核が多すぎて、雲の中で小さな雲粒が沢山つくられてしまうからです。都市のみでなく、世界各地の人間活動は、一般に、汚染物質としてイオウ化合物を大気中に多量に放出し、有効な雲粒核を沢山つくり出すものです。つまり、地球上で暖かい雨が降りにくい雲を増やすもので、小さい雲粒が沢山ある雲が地球全体で増えることを意味しており、以下で述べるように地球大気の熱バランス（特に放射エネルギー収支）に大きな影響を与えるものなのです。

旅行などで航空機から下をみた時、太陽の光を反射する雲が大変まぶしいことをよく経験するでしょう。多くの雲は鏡のように太陽からの光をよく反射して、宇宙に送り返してしまう働きがあります。一方、雲は地表面、あるいは地表近くの大気が赤外線の形で宇宙に放出しようとする熱を吸収して、一部を宇宙に放出すると共に、一部を地表に送り返します。いわばふとんのような働きですが、主に、水蒸気や二酸化炭素が寄与している大気の温室効果と同じ働きですので、雲の温室効果とも言われています。図５・４はそのような雲の効果を模式的に示しています。

どの雲も鏡の働き（アルビード効果）とふとんの働きの両方をしているのですが、前者は、地表面に届く太陽の熱を少なくする働きですし、後者は地表近くの熱を宇宙に逃がさない働きです。地球温暖化は地球全体で平均して地表付近の気温が上昇することですから、温暖化が進めば、海面や陸面からの水の蒸発が増えるため大気中の水蒸気が増え、雲がよりでき易くなると考えられます。従って、温暖化の結果もしも地球全体で鏡の働きの方が強い雲が増えるならば、温暖化はそれほど進まないかも知れ

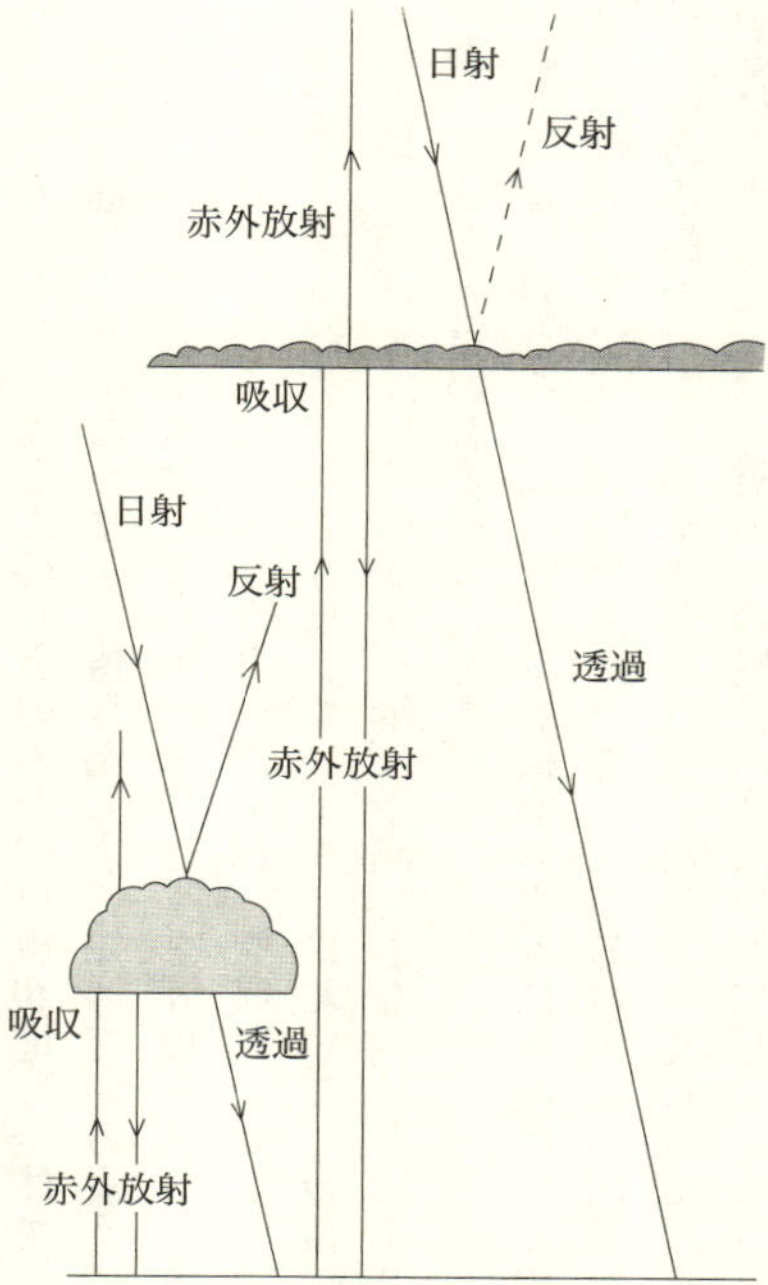

図５.４　雲のアルビード効果と温室効果

ません。一方、もしもふとんの働きの方が強い雲が地球全体で増えるならば温暖化がより激しく進むことになります。皆さんもよく知っているように、現在なされている地球温暖化の定量的予測は、二一世紀末には1・4度から5・8度というようにずいぶん幅があります。この幅のかなりの部分は、温暖化をコンピュータで予測するための数値モデル（気候モデルと呼ばれています）において、今後、どのような性質を持つ雲が地球上で増えていくのかを正確に予測できないことによります。雲が地球温暖化の鍵をにぎると言われるゆえんです。

おおざっぱにいうならば、層雲や層積雲のように雲粒のみで構成されている下層の雲は鏡の働きの方が強く、雲全体に含まれている水の量が同じならば、小さな雲粒がより沢山ある雲の方が鏡の働きがより強くなると考えられています。人間活動の結果放出される汚染粒子は、雲の中の雲粒の総数を増やしてしまうものです。人工衛星からの観測によると、海上を進む船舶の煙が入り込んだ雲は、周辺の雲よりも太陽光をよく反射しているという報告があります。また、人間活動の盛んな地域の風下にある雲は、太陽光をより多く反射するという研究例もあります。

雲は、地球の全表面の約60パーセントを覆っています。地球上の雲はさまざまですが、地球全体では鏡の働きが強い雲の方が多いため、もしも地球上に全く雲がなかったならば、地表気温は今よりも20度以上も高かったであろうと言われています。また、気候モデルによる予測の結果は、鏡の働きの方が強い下層の雲の量が地球全体で数パーセント増えただけでも温暖化の程度はかなり減ってしまうことを示しています。地球大気の熱バランスにおける雲の働きがいかに大きいか、人間活動の結果雨の降りにくい雲が増えるというミクロな効果が、いかに大きな影響をもたらすかが分かると思います。

人間活動がまだ盛んでない頃、これまで述べてきたような地球上の雲のミクロな特徴、特に、雲粒核がコントロールしてきた特徴のかなりの部分は、硫酸や硫酸アンモニウムの微粒子を作り出す地球上のイオウの循環によりきまっていました。そして、大気中にイオウを供給していたのは、火山噴火、海洋のプランクトンの活動などです。今、人間活動の結果、自然起源のイオウ化合物の約３倍のイオウ化合物が大気中に放出されています。今後、人間活動が雲のミクロな性質の変化を通して地球全体の雲の働きを変えるかも知れないということは十分に起こり得ることなのです。

飛行機雲も種まきをする

このような雲の働きをさらに複雑にしているものが巻層雲、巻積雲など、主に氷粒子で構成されている上層の雲です。これらの雲の多くは、眼でみてもすけすけで、太陽の光をよく通過させますが、一方、ふとんの働きが大変強い雲です。つまり、温暖化が進む時に、地球全体でこれら上層の雲が増えるならば、温暖化の程度が大きくなると考えられています。そして、人間活動はこのような上層の雲を増やす可能性があります。その代表的な例が飛行機雲です。

皆さんもよく眺めると思いますが、飛行機雲は見ていていろいろな夢を誘う大変楽しい雲です。前にも述べましたが、寒いところを除いて、通常は人間活動は雲をつくれるほど沢山の水蒸気を出すことはできません。しかし、気温が非常に低くなると、空気が含むことができる水蒸気が少なくなるため、人間活動により放出される水蒸気でも雲をつくることができるというわけです。気温の低い上層を飛ぶ飛行機がつくり出す雲はそのような雲の代表的なものです。飛行中に飛行機がさまざまな燃焼物と一緒に排出する水蒸気は水滴となりますが、低温のためにたちまちのうちに氷粒子に変わります（なお、飛行機雲の中には、飛行機が作り出す特殊な空気の流れによりつくられる雲もありますが、そのような飛行機雲はここでは触れません）。

日頃、飛行機雲を見ている人でしたら気がついていると思いますが、上空を飛行機が飛んでいても全く飛行機雲ができない日、飛行機雲ができてもすぐ消えてしまう日、できた飛行機雲がどんどん太くなる日があります。飛行機雲ができるかどうかは、基本的に飛行機が飛んでいる高さの気温がどのくらい低いかに依存し、できた飛行機雲が成長できるかどうかは、まわりの大気に水蒸気が十分あるかどうかに依りま

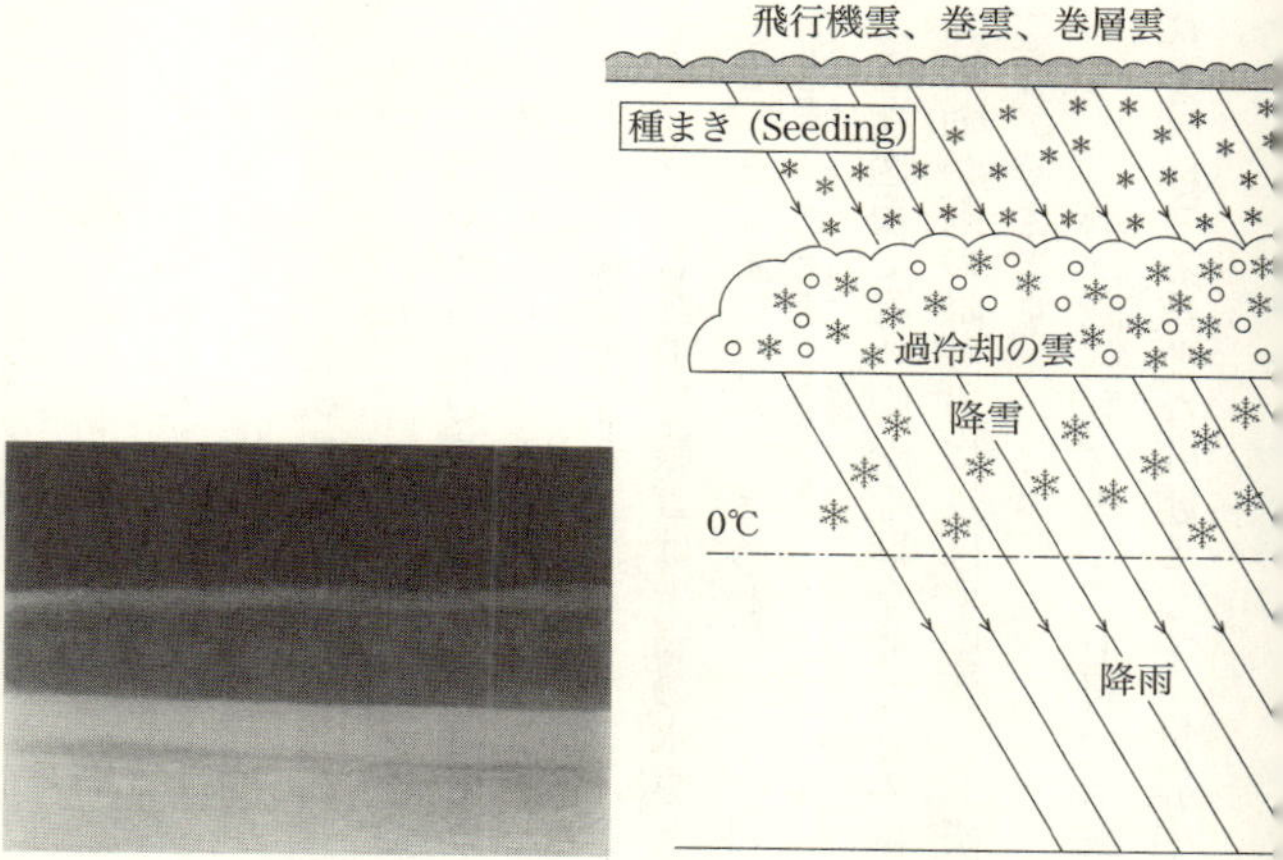

図５.５ 飛行機雲などの種まき効果　写真の飛行機雲の下部から降雪粒子が落ちている

す。昔から、飛行機雲がよく見えて太くなる日の翌日は天気が悪くなると言われています。いわゆる観天望気ですね。これは、低気圧や台風が近づいてくる時は、上空では水蒸気を沢山含む空気が低気圧などに先行してくるからです。このような日に飛行機雲が太くなっていく様子を観察していると、図５・５のように、飛行機雲の形が凹凸の細かいところまで長時間保たれたまま太くなっていくことが分かります。なぜそのような成長ができるのかは、大変不思議なことなのですが、いまだにうまく説明できていません。

　飛行機雲は、巻雲などの上層雲

と全く同じように、氷粒子で構成されています。違いは飛行機が飛ぶという人間活動の直接の結果としてつくられていることです。日によっては太く成長した飛行機雲が、さらに広がって巻層雲、巻積雲になってしまうことがあります。上層の氷雲が地球全体で増えると、地球温暖化の程度がよりひどくなる可能性があると先に述べました。そして、飛行機雲は上層の氷雲の量を増やすおそれがあるものなのです。

もう一つの注目すべき飛行機雲の働きは、その中の氷粒子が下方に落ちていくことです。図5・5の写真でもそのきざしが見えています。雨を降らせる雲としてシーダー・フィーダー・システムがあることを先に述べました。上層の氷雲がシーダー雲として中層にある過冷却雲であるフィーダー雲に氷粒子を種まきするという雲システムです。成長した飛行機雲は上層の氷雲とまったく同じように、シーダー雲として〝種まき〟をすることができるわけです。日本を飛び立った飛行機が、日本から遠く離れた地域の上空で〝種まき〟をしているかと思うと、非常に不思議な気がします。このような過程で降る雨が地球全体でどの位あるのかはまだよく分かっていませんが、人間活動が雨の降り方に及ぼす影響として興味深く、また大変重要な問題であるということができます。

実は、飛行機雲も含めて、上層の氷雲の研究はあまり進んでいません。地球温暖化にも関係する重要な問題として、世界中の研究者が大がかりなプロジェクトによりチャレンジしてきているのですが、まだまだ大きな成果があがっていません。これは、かなり高いところにできる雲であるために、適切な観測手段がないからでもあります。私達も何度か観測用の航空機を用いて、それらの雲の性質などを調べようとしましたが、思うような成果をあげることはできませんでした。私の学生も、何人かがチャレンジしました。美しい巻雲や巻層雲のみでなく、飛行機雲についてもうまい観測方法が早く開発され、上層の氷雲の研究が進むと良いのですが、それにはもう少し時間が必要かも知れません。

II　雲の組織化

地球大気の大きな特徴の一つは、大気中に起こる対流現象によって発生する雲がしばしば強い雨をもたらし、さらに強い雨を伴う対流雲は集団になりやすいことです。その過程は、雲の自己増殖、自己組織化などと呼ばれとても動的なものです。対流雲の集団が引き起こす集中豪雨は、地球大気の最も興味深い現象の一つと言ってもよいでしょう。

第6章　積乱雲の生涯

積乱雲は強い雨をもたらす

豪雨、豪雪、強雨、ひょうのような降水現象、あるいはトルネード、竜巻、陣風、ダウンバーストのような突風現象など、激しい大気現象の多くは発達した積乱雲によってもたらされます。激しい雨と風をもたらす台風もまた、沢山の積乱雲によって構成されています。積乱雲は対流性の雲の最も代表的なもので、一般には入道雲とよばれています。積乱雲が発達しているということは、大気中に激しい対流現象が起こっていることを意味しているのです。その中を上昇する気流の速さは毎秒十数メートル、時には数十メートルに達し、雲頂の高さはしばしば10キロを超えて成層圏にまで突入し、20キロ近くまで伸びることもあります。積乱雲の発達が圏界面に妨げられて、雲頂付近で雲がかなとこのように横に広くのびている姿は見慣れているものです。

積乱雲は対流現象ですから、次から次へと積乱雲が発達するためには、下層には暖かい空気が、中層や上層には冷たい空気が供給され続けることが必要です。面白いことは、下層の大気に水蒸気が沢山あることは当然として、中層の大気が冷たいのみでなく乾いている方が、積乱雲がより発達することがあることです。なぜ中層の大気が乾いている方が発達するかは、この後でも何度か述べますが、他にも、発達する積乱雲はいろいろと不思議な性質、あるいは矛盾する性質をもち、また発達のために大変興味深い「からくり」をもっています。

なんといっても、積乱雲の大きな特徴はシャワー性の強い雨をもたらすことです。しばしば、100ミリ／時以上の強度の雨が降りますし、一つの積乱雲だけで一ヵ所に数十ミリの雨をもたらし、時には100ミリを大きく超える雨すらもたらします。雨粒がつくられるまでに雲の中で起こるミクロな過程は前にいろいろと述べましたが、低温の上層大気まで伸びていく積乱雲の中ではありとあらゆるミクロな過程が起こっていると言ってもよいでしょう。〝暖かい雨〟のメカニズムで雨粒ができることもありますし、雲の上部ではあられ、ひょう、雪片もつくられています。雲粒も雨粒も、そしてさまざまな降雪粒子がいっぱい詰まっているのが積乱雲なのです。このことは、図6・1に示すように、雲粒子ゾンデという特殊な機器を用いて積乱雲の中の水滴、氷粒子を観測した結果からもよく分かります。

それでは、なぜ積乱雲からは強い雨があれほど多量に降ってくるのでしょうか？積乱雲の中を空気が勢いよく上昇しているということは、まわりの大気、特に下層で

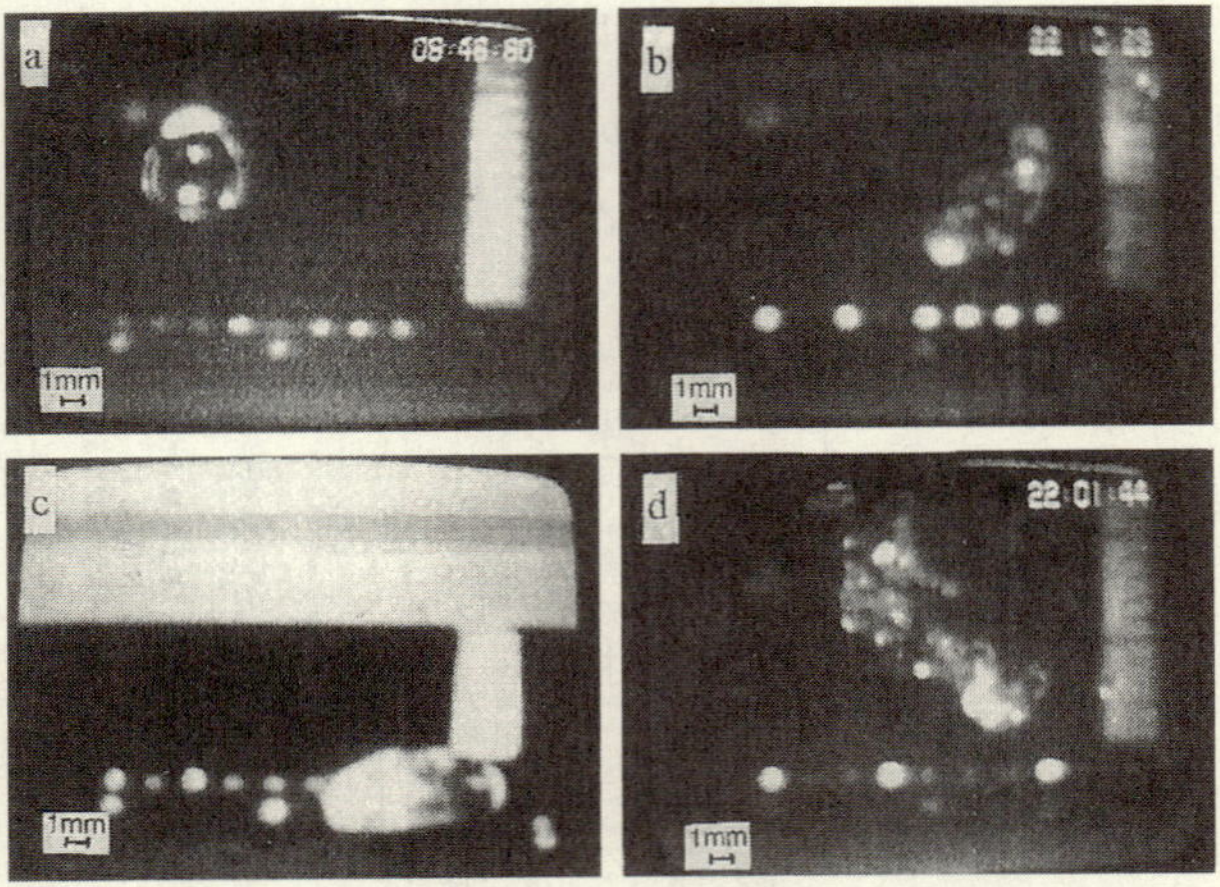

図6.1　特殊なゾンデにより観測された積乱雲内の降水粒子　Takahashi et al.（1995）による

水蒸気を含んだ空気が次々と吸い込まれていることを意味します。空気そのものは雲の上部で外に出ていっても、水蒸気は雲粒、雨粒、降雪粒子に変わり、雲の中にとどまっています。つまり、積乱雲は、まわりの大気から多量の水蒸気を集めては、雲の中に水滴、氷粒子の形で水を貯めこんでいる雲であるわけです。この点、前に述べた多層の雲システムが、各層の水を縦方向に集めて雨を降らせていたのとは大きく違います。

雲の上部でつくられた降水粒子は、それぞれの落下速度に応じて落下してはいるのですが、空気自身がかなりの速さで上昇しているのですから、地面から見ると降水粒子は落下してきません。つまり、上昇する空気に支えられて降水粒子は雲の中にとどまっているわけです。一方、次々と上昇する空気と共に過冷却雲粒や小さい降水粒子が下から上がってきます。その結果、雲の中のある層では、上昇気流に支えられている多くの降水粒子が下から供給される雲粒などを消費しながら、効果的に成長していくことになります。その層では粒子の形で水や氷がますます貯まり、そのためにまた降水粒子が急速に成長していくわけです。

しかし、上昇する空気では支え切れなくなり、あるいは支えている上昇気流からはずれると、貯められていた沢山の降水粒子が急激に地面に向かって落下を始め、途中で融けて雨粒となります。シャワー性の強い降雨が急に起こるわけですし、降り始めにはぱらぱらと大きい雨粒が地上に先に到達することになります。下層でまわりの大気から水蒸気を集めては、水滴、氷粒子の形で沢山の水を貯め、その中で急速に降水粒子を成長させ、ある段階でどかっと強い雨を多量に降らせる雲、それが積乱雲なのです。

積乱雲がつくられ、発達するための条件

積乱雲が通常の対流現象と大きく違う点、また興味深い点は、最初は地表近くの空気を何かが強制的に持ち上げないといけないということです。鍋の中、風呂の中では

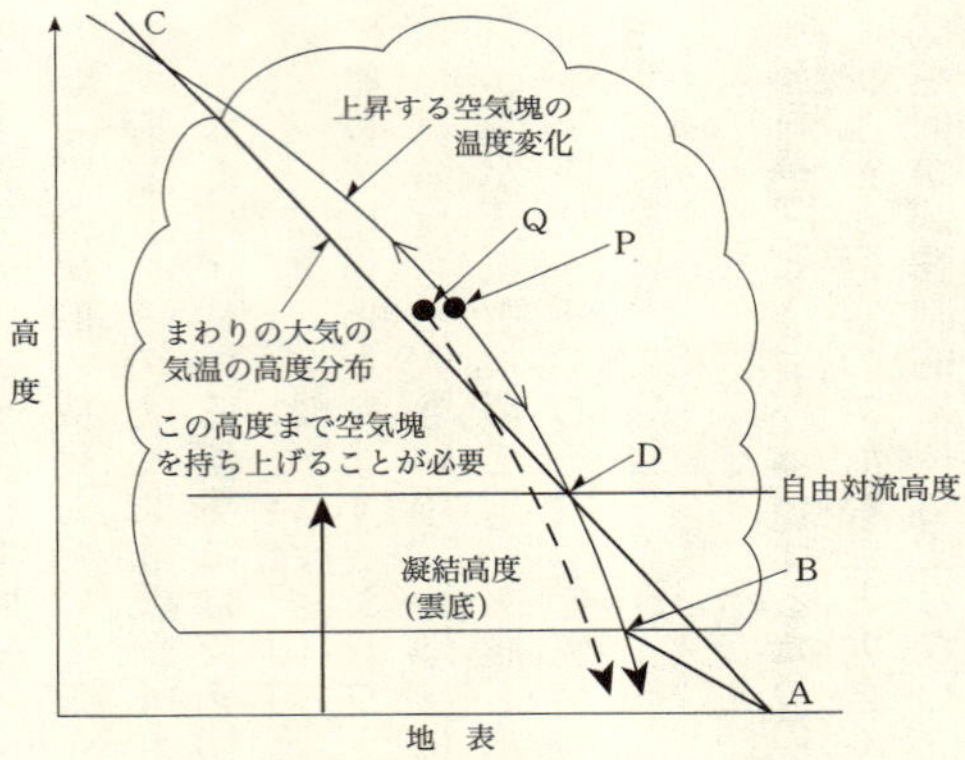

図6.2　地表より断熱上昇する空気塊の気温と周囲大気の気温の高度変化　凝結高度と自由対流高度も示す

底付近の温かくて軽い水が上がることで対流が起こっています。実際の大気中でも、夏に熱い地表で暖められた気塊がしばしば熱気泡となって上昇していきます。しかし、多くの場合は、空気塊の強制的な持ち上げがないと積乱雲は作られませんし、発達もしません。そこには、ある条件が必要なのです。

第3章で述べたように、上昇する空気塊は膨張するために高度とともに温度が下がります。気象学ではこの温度の低下を乾燥断熱減率といい、100メートル上がる毎に空気塊は約1度冷えます。今、雲の周りの大気が、図6・2の曲線A—Cのような気温分布をしていたとします。地表の空気塊が上昇する場合、初めは乾燥断熱減率の気温の下がり方で上昇するため（AからBの範囲）、空気塊の温度は周りの大気の気温よりも低く、自分自身では上昇することができず、他の力で持ち上げてもらわなくてはなりません。やがて上昇する空気塊が図のB点に達して凝結が始まると、その高度（持ち上げ凝結高度と呼ばれ、雲底高度にあたる）の上では乾燥断熱減率よりも気温の下がりが小さい湿潤断熱減率によって気塊の温度が下がるため、ある高度（図のD点）から上では、気塊の温度が周りの大気の気温よりも高くなるようになります。つまり、周りの大気より暖かく軽い空気が対流現象として自らの力で昇り続けることができることになります。この高さを自由対流高度といいます。気塊の温度が周りの大気の気温よりも高いほど気塊は勢いよく上昇し、積乱雲は発達します。このように、大気の成層が全体として対流が起こりやすいように不安定であっても、実際に対流現象として積乱雲がつくられて発達するためには、地表付近の空気を自由対流高度まで強制的に持ち上げる何らかの外力が必要というわけです。このような条件をもつ不安定は、条件付不安定と言われています。地球大気中で積乱雲として対流現象が起こる時は、ほとんどの場合大気成層は条件付不安定です。

この自由対流高度というものがあること、その高度まで気塊を持ち上げるからくりが必要なことこそが、積乱雲の性質や振る舞いを大変に複雑にし、非常に興味深いものにしているのです。日頃、当たり前のように眺めている現象なのですが、自由対流高度の存在は地球大気の大きな特徴なのです。前に述べた多層の雲システムからの降雨がどちらかというと静的なものとすれば、これから詳しく述べていく積乱雲からの降雨は非常にダイナミカルなものです。それは、ひとえにこの自由対流高度があるからと言ってもよいでしょう。

地表近くの空気塊を自由対流高度まで強制的に持ち上げる力（原因）として、次の場合が考えられます。まずは、寒冷前線のように、冷たくて重い気団に暖かくて軽い気団がぶつかり、勢いよく前面に沿って空気が昇っていく場合です。山は寒冷前線と似たような動きをし、風が山にぶつかり、その勢いで空気が自由対流高度まで運ばれることもあります（山の場合は、日射で熱くなった斜面により空気が暖められ、そのまま対流現象が始まることもあります）。寒冷前線や山の付近で発達した積乱雲がよく見られるのは、日頃経験していることです。次に、大気の下層で空気が大規模に集まってきて、空気が上方に昇らなくてはいけない場合です。その代表的な例は台風です。台風はたくさんの積乱雲が発達しやすい条件をつくっているわけです。実は、積乱雲の興味深い点は、第7章で詳しく述べるように、積乱雲からの降雨自身も地表の近くの空気塊を自由対流高度まで持ち上げるからくりを作り出していることです。

強い雨とともに勢いよく下降する気流

ここまで述べてきたことは、積乱雲の生涯としては、第1段階にあたります。第2段階では対流現象として大変面白いことが起こります。夏に雷雨に見舞われた時、ま

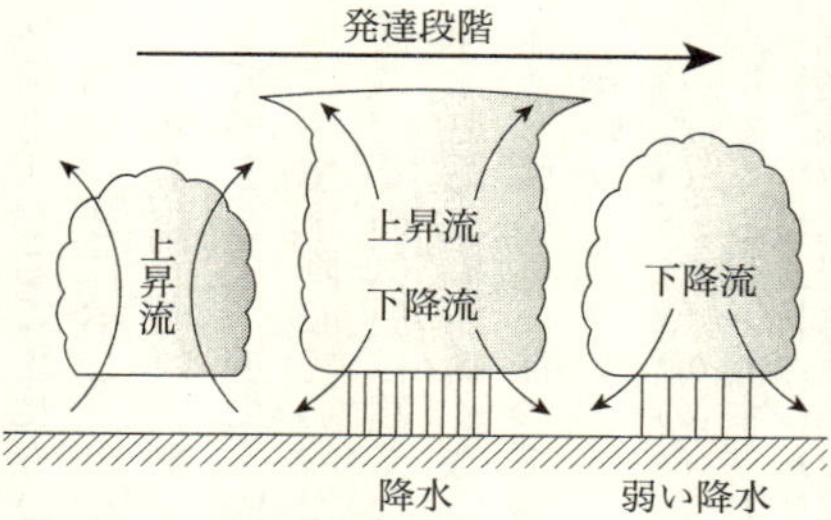

図6.3　積乱雲の発達段階

だ雨が降ってこないうちに、突然冷たく強い風が吹いてくることは誰もが経験していることでしょう。図6・3に示すように、これは、強雨と共に積乱雲から勢いよく下降してきた冷たい空気が、地面にぶつかって周囲に強い風となって広がってきたものです。対流現象は、周りより暖かくて軽い流体が上昇するか、周りより冷たくて重い流体が下降することにより起こりますが、積乱雲からの冷たい下降気流もまた対流現象なのです。次に述べるように、このような冷たい下降気流が強い降雨に伴って生ずることが地球大気中の対流現象の大きな特徴の一つです。

第2段階に入った積乱雲では雲内にかなりの量の降水粒子が貯まっていて、その一部はすでに雨となって地上にも降ってきますが、雲内の空気はその中にある降水粒子も含めると全体としてかなり重くなっています。言いかえると、空気に対して相対的に落下している降水粒子はそれぞれがその重さ分だけの力（重力）で空気を下に向けて一緒に引きずりおろそうとしています。このようにして、第2段階の積乱雲では、上昇する気流のみでなく降水粒子と一緒になって下降する気流も生じることになります。

図6・2に示したように、雲粒を含んで上昇する空気塊の気温は湿潤断熱減率に従って低くなっていきますが、雲外の空気よりも暖かい状態を維持しながらさらに上昇していきます。逆に、図6・2のP点の空気塊が多数の降水粒子のひきずり下ろす力によって下降していったとすると、その空気塊内に水滴がある限りは湿潤断熱減率に従ってその気温は高くなっていきますが、自由対流高度（D点）より下では周りの大気よりも気温が低くなるため、加速しながら地面に向かって下降していくことになります。強い雨に伴って雲内を勢いよく下降していく冷たい気流は、これら空気塊の集団というわけです。

冷たい下降気流の存在に大切な役割をしているものが、積乱雲の周りから雲内に混入してくる空気です。実は、第1段階の積乱雲でも、雲底を通って雲内を上昇していく空気の量と同じ位の空気が雲の側壁を通して雲の外から入ってきて、下から上昇してくる空気と混じり合って雲内の空気をつくっているのです。発達している積乱雲の形が、おおざっぱに言うと円筒形であるのは、雲外から多量の空気が混入しているからで、もしもこの混入がなければ、発達中の積乱雲は上昇流の速い真ん中あたりでつづみのようにくびれた形になっているはずです。上昇する空気塊に周りから空気が混入するわけですから、実際の空気塊の温度は、混入なしに上昇した空気塊の気温P点雲外の気温との間、例えばQ点にあるはずです。このことは、上昇していく空気塊は、理想的に考えるほど周りの空気より暖かくはなく、また、勢いよく上昇はしないことを意味します。従って、周りの空気が雲内に混入してくることは積乱雲の第1段階の発達には決して都合の良いことではなく、むしろ発達を抑えることになります。

ところが、雨と共に雲内の空気が下降してくる場合には状況は全く変わってしまいます。図６・２から分かるように、Ｐ点の空気塊が下降するより、Ｑ点の空気塊が下降した場合の方が、空気塊の温度は低くなります。つまり、積乱雲の側壁から混入した空気が雨と共に下降してくる方が、下降する気流はより冷たく、より速くなるということになります。雲内の空気塊が下降し始めるのは、降水粒子の重さ、ひきずり下ろす力のためですが、雨粒の蒸発による冷却が下降気流を加速するので、下降気流の発達には混入する空気は乾いている方がさらに都合がよいということになります。陣風、ダウンバースト、あるいはマイクロバーストといわれる地上の突風は、いずれもこの冷たい下降気流の発達と密接に関係しています。大気の下層が暖かくて湿っているのみでなく、大気中層の空気が冷たくて乾いている時に発達した積乱雲が、激しい突風現象を引き起こすことが多いのはこのようなわけなのです。地球大気の対流現象では、大気が湿っていると共に、乾いていることも重要であることは大変興味深いことです。

積乱雲は、第3段階になると、主な降水粒子は地上に落ちてしまい、雲全体を弱い下降気流が占めるようになり、雲粒も蒸発していき、雲として消滅していきます。通常の積乱雲は、図6・3に示したような生涯を1時間以内で終えていきます。図のように、初め上昇気流、次に上昇気流と降水を伴う下降気流、最後に弱い下降気流といった経過をたどる対流雲は、地球大気の対流現象の基本的な単位であり、降水セル（セル：細胞）と呼ばれています。これから詳しく述べていくように、実は、降水をもたらす積乱雲にはいくつものタイプがあり、これまで述べてきた積乱雲は正確に言うならば、一つの降水セルで構成されたものです。

第1段階では、積乱雲は下層の暖かくて湿った空気を吸い込み続けながら発達していくのですが、第2段階では、冷たい気流が下降していき、その気流は地上付近で強い風となって周囲に発散していきます。図6・3からも分かるように、この段階では下層の温湿な空気は最早積乱雲の中に入りにくくなっています。もしも、雲に吸い込まれた水蒸気が雲粒や小さい氷粒子に変わるだけでしたら、それらは上層で周囲に発散していくだけで、下層の温湿な空気がなくならない限り、原理的には積乱雲は発達を続け、存在し続けるはずです。ところが、実際は、雲粒や氷粒子が大きな降水粒子に成長し、強い雨となって地上に降るのですから、積乱雲は雨を降らすことによって自らの寿命を縮めていると言うことができます。積乱雲（正しくは降水セル）の寿命を、降雨が決めているということも面白いことです。

積乱雲の観測

積乱雲の観測方法として最も簡単なものは写真撮影でしょう。これは観測というより観察といった方が良いかも知れませんね。特に、一定時間毎（たとえば15秒毎）にひとコマずつ積乱雲を撮影し、後で普通の速さで再生すると、さまざまな大きさの空気塊が入れ替わりながら積乱雲が発達していく様子など、肉眼ではなかなか分からない積乱雲の変化がよく分かり面白いものです。これは誰にでもできる方法です。もちろん、1台のカメラのみでなく、2台のカメラを用いて立体写真を撮っていけば、単なる観察でなく定量的に観測することも可能です。私も若いとき、ハワイ島の高い山の上で、1日中、15秒毎に16ミリカメラのシャッターを手動で押し、肉眼でも観ながら雲の写真撮影をしたことがあります。日にも焼けましたが、楽しい観測でした。

時々刻々激しく変化する積乱雲の3次元的構造を観測することは、今でも容易ではありません。積乱雲の中の気流は激しく、また乱れも大きいので、観測用航空機により直接雲の内部を調べることはかなり危険なことですし、また、詳しく調べるためには複数の航空機を用いなければならないために経費もかかります。今でもこのような方法はあまり採用されてはいません。図6・1にその観測結果を示した方法は、気球に特殊な測器をつけて雲内にとばし、測定結果を電波シグナルとして受信するもので、雲内の実体が分かって良い方法なのですが、質的には航空機観測と同じで、1本の線上の状態が分かるのみで、複雑に変化する内部構造の全体像を把握することはできません。

積乱雲の観測方法として今でも広く用いられているものは、やはりレーダ観測です。通常の気象レーダは降水粒子の量の3次元的分布を観測するものですが、最近、世界各地で積乱雲の観測に用いられているものはドップラーレーダです。これは、降水粒子が反射する電波の周波数が粒子の動きによってわずかにずれること（ドップラー効果）を利用して、雲内の気流の分布も観測するもので、原理的にはプロ野球放送にも登場するスピードガンと同じです。降水粒子は常に空気に相対的に落下していますが、それと共に、気流によって上下に、あるいは横方向に動かされています。ドップラーレーダは、降水粒子の量と共に、このような降水粒子の動きを測定することにより、雲内の気流の3次元的分布を観測するものです。ただし、ドップラーレーダは、レーダ電波の方向の降水粒子の動きしか測定できませんので、鉛直方向、水平方向の気流の速さを正しく知るためには、2台、あるいは3台のドップラーレーダを同時に用いなくてはなりません。また、対象が降水粒子ですので、雲の外はもとより、雲の中でも降水粒子が存在している領域でしか利用できません。

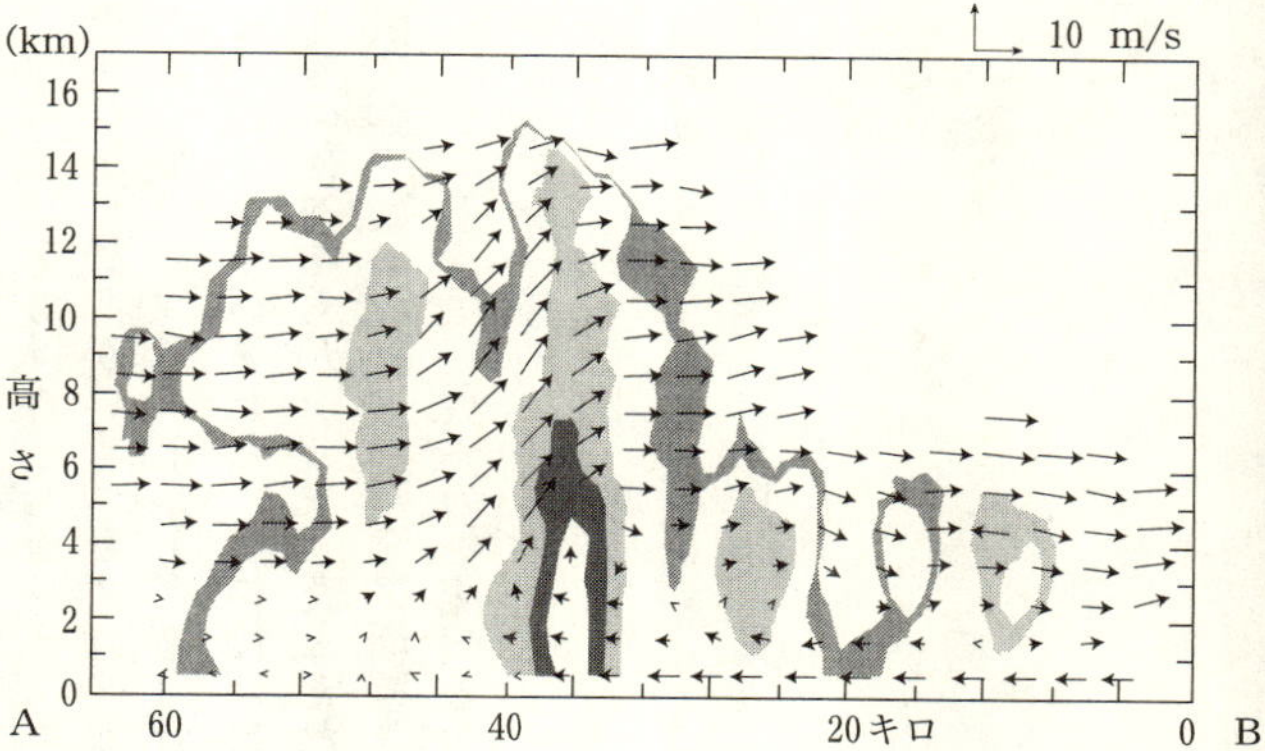

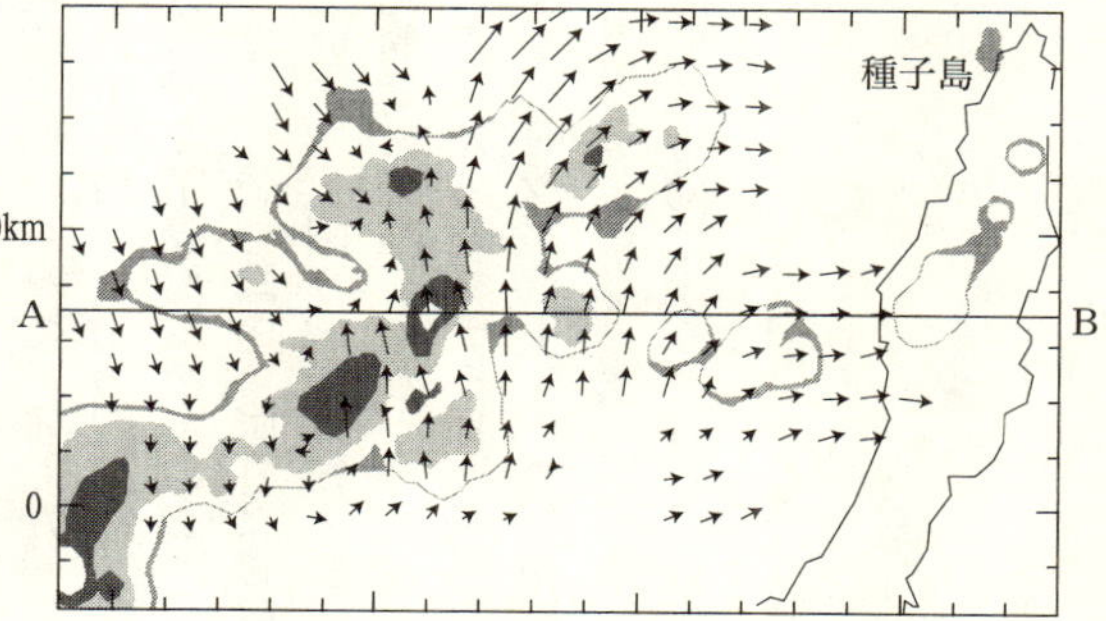

図6.4 種子島周辺でドップラーレーダにより観測された積乱雲内のレーダエコー強度と気流分布　高度3キロの水平面内とA—Bの線に沿った鉛直断面内の分布が示されている。濃淡はエコー強度を表し、矢羽の長さは風速を表す

40年前に私が大学院学生として雨の科学の研究を始めていた頃には、すでにドップラーレーダ観測がいくつかの国で試験的に始められていました。その頃、私も、将来のいつか、ドップラーレーダを自分で自由に用いて雨の観測、積乱雲の観測をしてみたいと考えていました。その後、自分の研究室専用に2台のドップラーレーダを取得するのに25年もかかりました。それらは、今でも国内、国外に移動設置され、各地の積乱雲、豪雨、豪雪の観測に活躍しています。図6・4は積乱雲内の気流の観測例です。このように、雲内の気流の3次元的分布が詳しくわかります。次章で述べる積乱雲の興味深い構造、振る舞いも、その多くはドップラーレーダ観測により調べられたものです。日本では、現業用としてはまだドップラーレーダ観測網は設置されていませんが、アメリカでは広域に、しかも密に多数のドップラーレーダが設置されており、特にトルネードの監視、警報、防災に有効に役立てられています。

第７章　生物のような積乱雲

積乱雲は自己増殖する

積乱雲は自己増殖し、また自己組織化する性質を持っていますと述べると、不思議な気がするかも知れませんね。実は、生物とは何かという問いに対して、自己増殖し、自己組織化するものと定義することがあります。積乱雲は物理的な現象なのに、まるで生物であるかのように振る舞うという興味ある性質を持っているのです。そして、この性質には積乱雲は強い雨を降らすということが密接に関係しています。

図７・１に示すように、第２段階の降水セルでは、強い降雨に伴う冷たい下降気流が地表付近で周囲に勢いよく発散し、強い風が吹きます。この風は冷たく重い空気でできていますので、小規模な寒冷前線であるかのように、下層の暖かくて湿った空気を押し上げることができます。もしも押し上げる力が強く、気温、湿度の高度分布が適当であるならば、押し上げられた温湿な空気は、対流雲が発達するための条件である自由対流高度を突破することができます。つまり、新しい降水セルが既存の降水セルのすぐ近くにつくられ、発達することになります。降水セル自らの働きにより新し

い降水セルが次々とつくられるわけですから、降水セルの自己増殖です。降水セルは集団化する性質を持っているのです。

前章では、一つの降水セルの生涯を説明し、積乱雲によっては一つの降水セルのみによって構成されると述べましたが、積乱雲はしばしば複数の降水セルから構成されています。ある降水セルはまだ第1段階にあって上昇気流で占められており、あるものは第2段階に入っていて上昇気流と下降気流が共存していたりします。このタイプの積乱雲は、いろいろな段階の降水セルが不規則に配列されているため、〝不規則な多重セル型の積乱雲〟とよばれています。夏に雷雨に見舞われたとき、強い雨が降り終わった後、しばらくしてまた強い雨が降ってきて、そのようなことが何度も繰り返されることはよく経験することです。降水セルによって構成されている積乱雲は、個々の降水セルの下降気流や冷たい風の働きと同じように、積乱雲全体としてのそれらの働きにより、近くに新しい

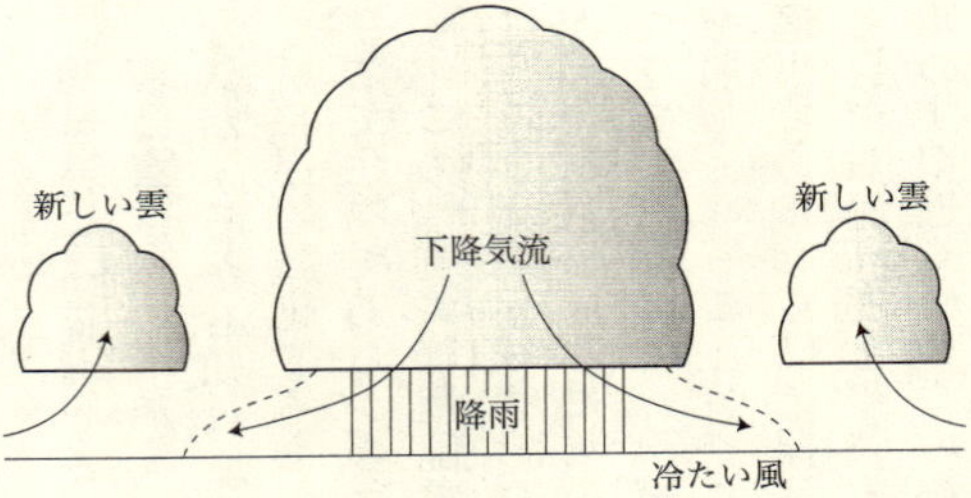

図7.1　積乱雲からの下降気流に起因する冷たい風により新しい雲がつくられる様子

積乱雲をつくることができます。つまり、積乱雲の自己増殖です。積乱雲も集団化していることがよくあるのです。

ここでもう一度自由対流高度のことを考えてみましょう。対流現象が起こるのに十分な位に温湿な空気が大気下層にある場合、もしも自由対流高度というものがないか、あるいはその高さが非常に低ければ、ちょっとしたきっかけで対流が始まるため、あちこちに降水セルや積乱雲がランダムに発達することになります。ところが、一般に、地球大気では自由対流高度が高いため（しばしば地上数キロ）、下層の温湿な空気をそこまで持ち上げる力、からくりが必要です。そして、降水セル、あるいは積乱雲自身がそのからくりをつくりだすことができるというわけです。自由対流高度というものが存在するからこそ、集団化が起こると言うことができます。自由対流高度が高いほど、それを突破するための力は強くなければならず、そのからくりも精妙になってきます。

まわりの風の働き

ここまでは、大気の下層も上層も同じような風が吹いている場合の降水セル、積乱雲の振る舞いを述べてきましたが、実際の大気では、上層では強い風が吹くとか、下層で南風、中層で南西風、上層で西風というように、高さと共に風速、風向が変わります。高さと共に風の吹き方が変わることが、降水セル、積乱雲の構造、振る舞いに複雑な影響を及ぼします。最も不思議なことであり、またパラドックス的なことは、一般に、高さと共に風速、風向が大きく変わる場合の方が降水セルは発達しにくいのに、激しい現象を引き起こすような最も発達した積乱雲はそのような場合にこそみられることです。以下その謎解きをしましょう。

一般に高さと共に風向も変わるのですが、ここでは簡単のため、図7・2(a)、(b)、(c)のように、東西方向にのみ風が吹いている場合を考えます。(a)は全ての風が西風、(b)は上層で西風で、下層で東風、(c)は全て東風です。いずれの場合も、図に示すように、ほとんどの雲は東に傾く傾向にあります。そして、(a)の場合は雲は東に動き、(c)の場合は西に動き、(b)の場合は下層の風の影響を受けて西にゆっくり動くか、ほとんど動かないということになります。

実は、雲の動きを別にすれば、降水セル、積乱雲の構造、振る舞いにとって最も重要なことは、上層の風と下層の風の違い（正しくは雲層の中の上下の風の違い）です。東向きにx軸の正の方向をとると、西風はプラスの風速を持つ風、東風はマイナスの風速を持つ風になりますが、(a)、(b)、(c)のいずれも、上層の風速から下層の風速をひいたもの、つまり、上下の差はプラスになり、その値も同じになります。この上下の風の差を鉛直シアーとよび、これまで説明してきた大気成層の不安定度と共に、

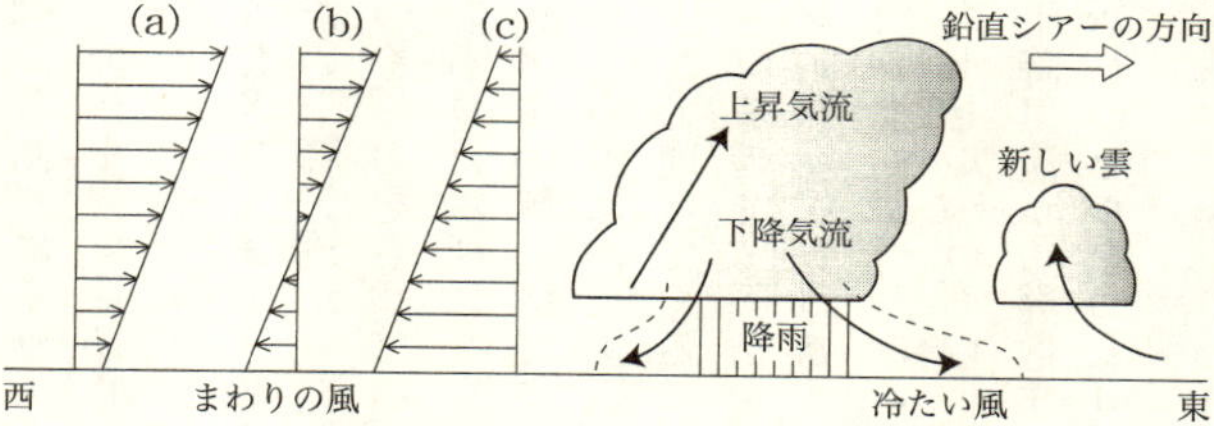

図7.2 風向と風速が高度により違う大気の中の積乱雲　積乱雲からの冷たい風によりつくられる新しい雲は積乱雲からみて鉛直シアーの風下にできる

これからの話でも大変大切な要素になります。上下の風速の差が大きい時、鉛直シアーが大きいといい、図7・2のような場合、鉛直シアーは東向きであるといいます。また、風と同じように、図のような場合、西側を鉛直シアーの風上、東側を鉛直シアーの風下といいます。いい換えますと、一般に、降水セルは鉛直シアーの風下側に傾くということができます。

風の鉛直シアーによって傾く降水セルがなぜ発達しにくいかは、雲の中の最も暖かいところと上昇気流の最も強いところが一致しないとか、上昇気流の運動エネルギーがまわりの大気の風の運動エネルギーにとられてしまうとか、その説明は決して簡単ではありませんが、まわりの空気が雲内の空気と混じり易いことも、降水セルの発達が妨げられる理由の一つです。図7・2から分かるように、右側に傾いたセルからの降水は上昇気流からみてシアーの風下側（右側）にずれ、そのために下降気流もまた右側にずれます。つまり、冷たい下降気流は上昇気流からみて鉛直シアーの風下側にできることになります。

風の鉛直シアーは、降水セルの発達を妨げるだけではなく、大変興味深い作用をセルに及ぼします。鉛直シアーがあまり大きくない時は、図7・1に示したように、冷たい下降気流から発散する強い風は、既存のセルのまわりのどこにでも新しいセルをつくる力をもっていました。ところが鉛直シアーが強くなってくると、新しいセルは限られた場所にできやすくなります。図7・2では、既存のセルの右側、つまり鉛直シアーの風下側でできやすく、左側ではできにくくなります。簡単に述べますと、まわりの風は常に雲内に入り込んでくるわけですから、下降気流はそれら上空の風を地上まで運んでくることになります。下降気流から発散する風にこの上空の風がプラスされるので、図7・2のような場合は、(a)、(b)、(c)のいずれでも、降水セルの右側、シアーの風下側ではセルから発散してくる冷たい風と地表近くのまわりの風とがより勢いよくぶつかることになり、下層の温湿な空気がより勢いよく上昇し、新しい雲、降水セルがつくられやすいということになります。このように、風の鉛直シアーは、下降気流から発散する風が新しいセルをつくる力を局所的に集中させることにより、新しいセルをつくりやすくしているということができます。

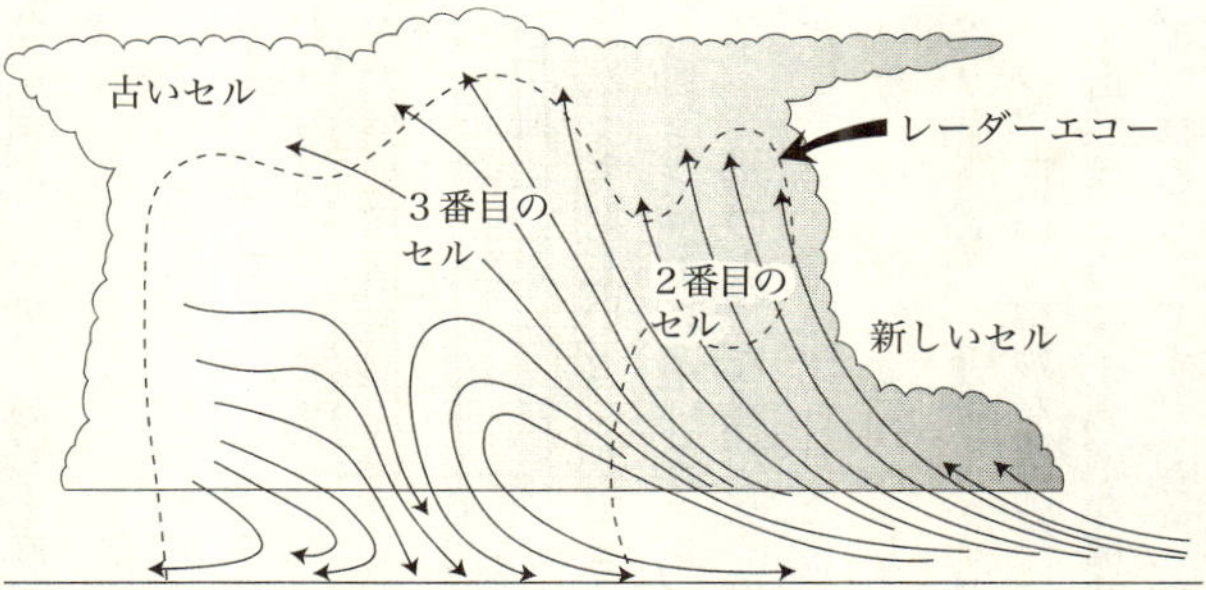

図7.3 組織化された多重セル型の積乱雲の構造

規則的な構造を持つ積乱雲

図7・2のような大気状態では鉛直シアーの風下側に新しい降水セルがつくられ、またそのシアー風下側に新しいセルがつくられることになります。興味深いことは、次々とできる新しいセルがもとのセルのすぐ近くにできて、これら複数の降水セルが一つの積乱雲を構成することがよくあることです。図7・3はそのような積乱雲のモデル図です。一番右側のセルが新しくつくられたもので発達期のセル、その左隣がより発達段階の進んだもので強い降水と共に強い下降気流を伴っています。さらにその左のセルは衰弱期に入ったセルで降水も弱く、下降気流も弱く、一番左のセルはもうすぐ消滅していくものです。また、それぞれのセルは、一番右側（鉛直シアーの風下側）に新しくつくられた後、発達段階と共に積乱雲の中で

は左側に（シアーの風上側）に移り、最終的には一番左側で消滅していくことになります。

このような積乱雲は構造が規則的であり、新しいセルのでき方も規則的であることから、〝組織化された多重セル型の積乱雲〟とよばれています。鉛直シアーが強く、大気の成層不安定度が大きい時によく見られる傾向にあり、シアーが強いにもかかわらずかなり発達するもので、ひょうをもたらすなど、しばしば激しい現象を伴います。もちろん、日本でもよくみられます。前述のように、新しいセルは鉛直シアーの風下側にできますが、図7・2(a)のような風が吹く場合は、積乱雲の進行方向の前方に次々と新しいセルができることになります。この場合、積乱雲全体は、個々のセルの動きと新しいセルが前方にできることの両方が合わさるため速く移動します。図7・2(c)のような風が吹く場合は、積乱雲全体が停滞することもあります。注目すべきことは、組織化された多重セル型の積乱雲は、かなり発達すると共に数時間、時にはそれ以上長続きすることです。積乱雲が、まわりに吹いている風の助けを受けながら、雨と冷たい下降気流の働きにより、まさに自己組織化する例の一つです。

〈風上に傾く奇妙な積乱雲、スーパーセルとは？〉

自然はさらに不思議な積乱雲をつくり出します。それはスーパーセル型の積乱雲とよばれるものです。図7・2に示したように、多くの降水セル内の上昇気流は鉛直シアーの風下側に傾きますが、時には、鉛直シアーの風上側に傾く上昇気流を持つ降水セル、あるいは積乱雲が現れます。いったん、そのような上昇気流ができると、図7・4のように降水セルの発達と維持に大変好都合な構造を作り出すことができます。すなわち、シアーの風上側に傾いた上昇気流は、相対的にシアーの風上側に降水粒子を落とします。それらの降水粒子は上昇気流の発達を妨げることなく、むしろ抜け落ちることによって上昇する空気をより軽くし、上昇気流を発達させ易くしています。降水粒子は、シアーの風上側から雲内に入り込んでくる冷たく乾いた空気内を落ちていくため、その重さと蒸発冷却により効果的に強い下降気流を作り出すことができます。面白いことに、降水粒子は、それらを作り出した空気塊から抜け落ちて、雲外から入り込む別の空気塊の中を落ちることにより、暖かい上昇気流と冷たい下降気流の両方を

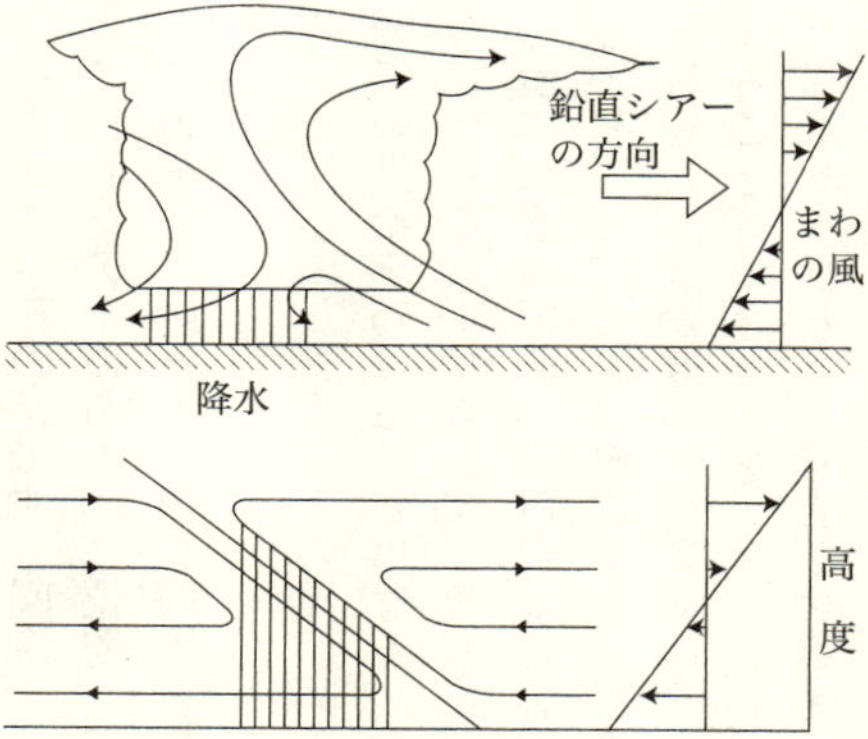

図7.4　スーパーセル型の積乱雲の構造 (a) と降水による伸立ちの様子 (b)

発達させているわけです。図7・3の場合とは違って、この下降気流は上昇気流からみて鉛直シアーの風上側に位置しています。

この構造は降水セルを長時間維持する上で大変好都合なものです。冷たい下降気流は上空の風も下方に運ぶため、シアーの風下側で下層の温湿な空気と勢いよくぶつかる風を作り出します。その風は図7・2の場合と異なり、既存の上昇気流への温湿な空気の供給を妨げることはなく、むしろ既存の上昇気流に温湿な空気を積極的に供給し続けることができます。そして、シアーの風上側に傾いた上昇気流はその降水粒子の働きによって強い下降気流を作り続けます。つまり、このような構造は時間と共に変わることはなく、維持される性質を持っているわけです。さらに、図7・2の場合とは逆に、まわりの風の運動エネルギーを降水セルの運動のエネルギーに変えて利用することもできて（その詳しい説明は複雑なので省略します）、長続きするのみでなく降水セルを非常に発達させる構造でもあります。通常の大きさでこの構造を示す降水セルもありますが、このような構造を持ち、しかも非常に大きな一つのセルのみで構成される積乱雲がしばしば発生します。それがスーパーセル（超巨大セル）型の積乱雲とよばれるもので、トルネードや大きなひょうなど、激しい現象を引き起こします。これもまた自己組織化した積乱雲です。

日本で通常みられるひょうはせいぜい直径が1センチ程度のものですが、時には日

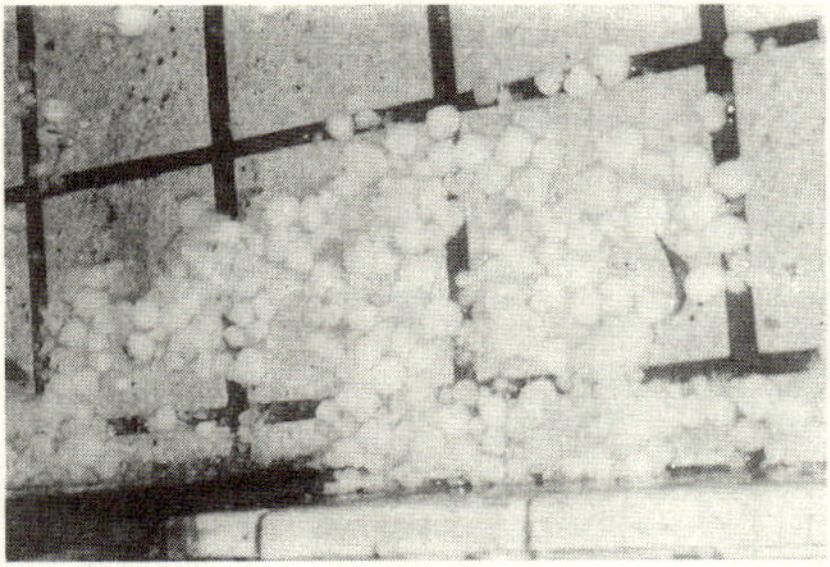

(a)

(b)

図7.5　2002年5月に尼崎市に降ったひょう（a）とひょうの断面図（b）（a）は出世ゆかり氏の提供。（b）はC.A.ナイトとN.C.ナイト（1968）による

本でもゴルフボール大のひょうが降ったりします。図7・5(a)に2002年5月に尼崎で降ったひょうの写真を示してあります。大気の条件が日本とはやや違う北米、カナダ、あるいは中国では、もっと大きい野球ボール大、ソフトボール大のひょうが降ることは決して珍しくはありません。大きいひょうの落下速度は毎秒数十メートルに達しますから、それらが強い上昇気流により長時間支えられていることも必要ですが、それだけでは大きいひょうはなかなかできず、ひょうが雲の中を何度も何度も循環することが必要になってきます。図7・5(b)のひょうを輪切りにした写真には同心円状のリングがいくつかみられますが、それらはひょうが何回か雲内を循環したことの証拠です。図7・4から想像できると思いますが、スーパーセル型の積乱雲で

は、下降気流内を落ちてきたひょうが下層で上層気流に引き込まれ、また、上方へ運ばれ、再びまた下降気流内を落ちてくるという循環が起こりやすいのです。尼崎にひょうをもたらした積乱雲がスーパーセル型であったかどうかは、まだ詳しく調査されていないので分かりませんが、このように大きなひょうをもたらすほど日本でも積乱雲が発達した例として興味深いものです。

さて、スーパーセル型という特殊な積乱雲はどのようにしてできるのでしょうか？簡単のため、図7・6のような風が吹いている場合を考えます。鉛直シアーの向きは右向きです。この時地上のある点から次々と気球を飛ばしたとしますと、それらは図7・6(a)のように右に傾いて並んでいるはずです。つまり、地表近くから積乱雲内に次々と上昇する空気塊はこれらの気球と同じような配列をしますので、結果的に鉛直シアーの風下側に傾いた上昇気流になるわけです。次は、上空の風より速く右向きに走る自動車からやはり次々と気球を離したとします。今度は、それらの気球は図7・6(b)のように左に傾いて配列するはずです。つまり、上方の風よりも速く右に移動しながら、下層の温湿な空気塊を勢いよく積乱雲内に持ち上げる何かがあればよいということになります。実際の場合は、隣の積乱雲の下降気流から勢いよく発散してくる冷たい風、あるいは、いくつかの降水セルや積乱雲から発散してくる冷たい風が協力し合って速くて冷たい風がつくられ、それらがきっかけになるなど、いろいろな場合があり得ます。なお、図7・2(b)のような風が吹いている場合には、説明は少しややこしくはなりますが、本質的には図7・6の説明と変わりはありません。

組織化された多重セル型の積乱雲とスーパーセル型の積乱雲は現象的には異なる積乱雲ですが、いずれも巧みに自己組織化されたものであり、本質的なからくりにはそれほどの違いはありません。現実に、積乱雲によっては、ある時は組織化された多重セル型の構造を示し、別の時にはスーパーセル型の構造を示したりします。いずれにしても、強い雨を降らすことにより積乱雲は自己組織化し、強い降水を長時間もたらし続けることになるのですから、面白いものです。

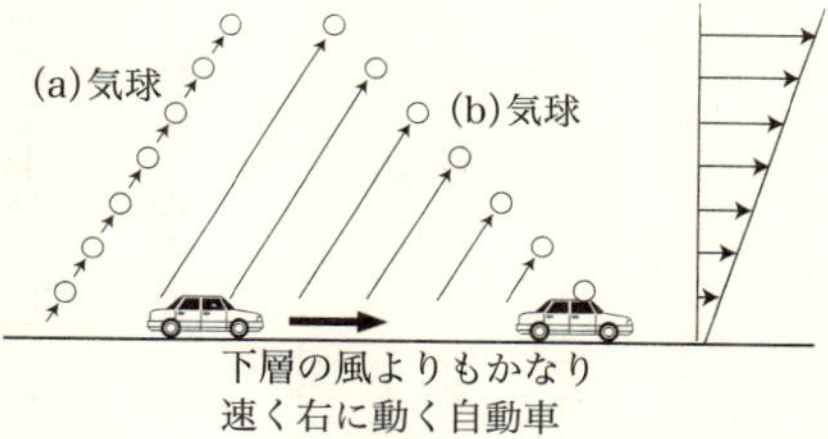

図7.6　鉛直シアーのある風の中で飛ばした気球の配列　(a) は決まった地点から放球した場合で、(b) は風よりも速く動く自動車から放球した場合

ここまでは簡単のため、一つの鉛直面内の2次元的な気流の配列、構造により説明してきましたが、実際の積乱雲は3次元的な構造をしており、気流の配列もより複雑です。特に、スーパーセル型の積乱雲では、しばしば、雲全体が大きく回転していることもあります。しかし、積乱雲の自己組織化という点に関しては、基本的にはここでの

理解で十分でしょう。

積乱雲の地域的な違い

このように、強い雨をもたらす構成要素である降水セルや積乱雲の構造、振る舞いは、自己増殖、自己組織化という興味深い現象も含めて、大変複雑です。そして、雨は単に雲が発達した結果ではなく、降雨自身が降水セル、積乱雲の発達、振る舞いに大きく寄与していることは興味深いことです。雲のまわりの風、および雲の中の気流などの流体力学的、熱力学的現象と降水粒子の形成というミクロな物理現象が互いに影響し合い、また複雑にフィードバックしているわけですから、大気の条件が違うと、積乱雲の性質もかなり異なってきます。

面白いことに、大陸内部の積乱雲は大気が乾いているため、雲底高度が4キロということもあります。組織化された多重セル型のものにしてもスーパーセル型のものにしても、通常日本でみられるものに比べてはるかに巨大なものに発達し、大きなひょうやトルネードなどの激しい現象をもたらします。つまり、シビア・ストームとなる傾向にあります。それに対して、日本のように大気が湿っているところでは、雲底高度は1キロ前後と低く、現象的には強雨、豪雨などをもたらします。つまり、レイン・ストームとなる傾向にあります。

大気の下層が湿っていれば、当然、自由対流高度も低く、積乱雲の自己増殖、従って自己組織化が起こりやすいと言えますが、大陸内部などでは、雲底高度が高く、自由対流高度が高いため、下降気流からの冷たい風による空気塊の持ち上げがかなり強くないと、自由対流高度をなかなか突破できず、従って、自己増殖、自己組織化も起こりにくいわけです。しかし、地表近くの空気は暖かく、大気全体としては対流のエネルギーが貯まっているのですから、いったんエネルギーが解放されると、それが爆発的に解放されるため積乱雲も巨大となり現象も激しくなるのでしょう。

第8章　集中する豪雨

ごく局地的な豪雨

日本では毎年各地域で豪雨が起こり、多くの災害が発生します。二〇〇〇年九月に起こった東海豪雨は記憶にも新しいものです。繰り返し述べてきたように、地球大気の対流現象の特徴は強い雨をもたらすことにより集団化しやすいことですが、豪雨をもたらす雲は基本的に積乱雲ですので、言いかえると、豪雨が空間的に集中することは、地球大気の大きな特徴であると言えます。そして日本は地球上でも集中豪雨の起こりやすい興味深い地域なのです。

集中豪雨という言葉は、元来、新聞やテレビなどのマスメディアで使われ始めた言葉で、気象学的にはきちんと定義されてはいません。おおざっぱに言うと、さしわたし数十キロの狭い地域に数時間に数百ミリの降雨が集中する現象をさすことが多いようです。たとえば一九八三年九月に名古屋市で起こった豪雨は、新聞などでは〝典型的な集中豪雨〟と報道されました。一般に、積乱雲は移動しながら雨を降らすため、一つの積乱雲が1ヵ所に1時間に50ミリ以上の雨をもたらすことは多くありませんが、この例では名古屋市内に1時間に80ミリ以上の雨が降り、ちょうど小学生の下校時にも当たり、冠水した道路の側溝に引きずり込まれたりして5名の小学生が亡くなりました。この積乱雲は、台風の中心をとりまくレインバンド、あるいはスパイラルバンドと呼ばれる複数の渦状の降雨バンドの中で形成されたものです。名古屋市でも数十分毎に積乱雲が通過しましたが、午後3時から4時にかけて通過したものは名古屋市の上で急激に発達しました。図8・1に示されているように、この時間帯に名古屋市には70ミリ以上の雨が降り、場所によっては80ミリ以上の雨量が記録されています。しかし、2時から3時にかけては、名古屋市の雨量はせいぜい30ミリであり、また、4時から5時にかけての雨量は10ミリにも達していません。一つの積乱雲が急激に発達し、1時間という短い時間帯に

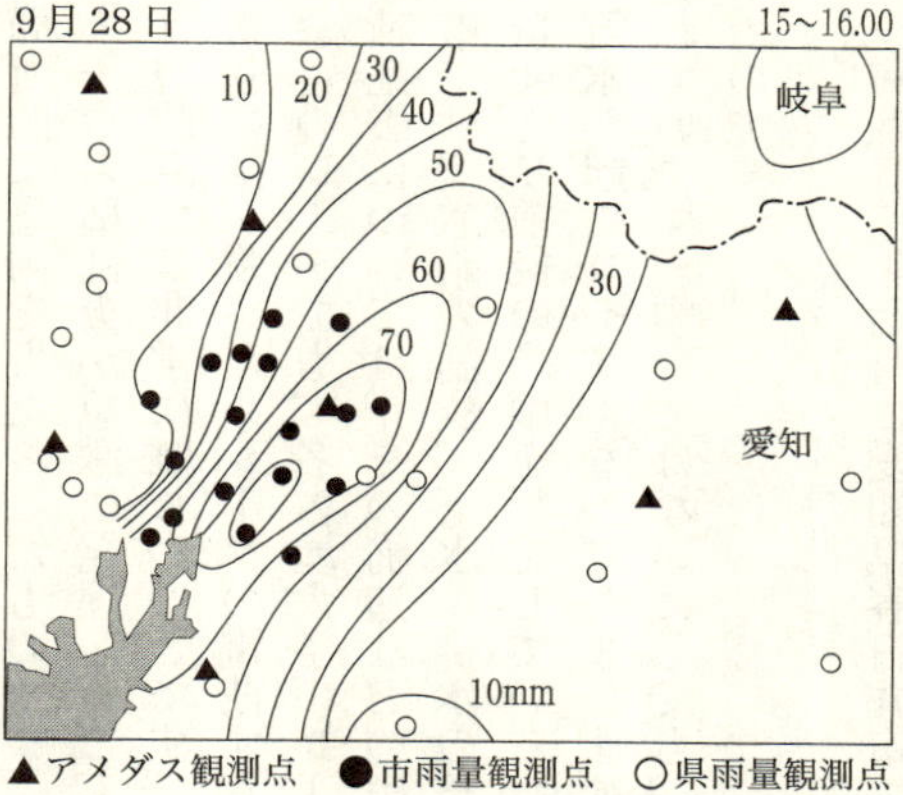

図8.1　1983年9月に名古屋市で起こった局地的な豪雨における15時から16時までの雨量分布　○、●、▲は雨量観測点を示す

局所的に豪雨をもたらしたものです。

一つの積乱雲が急激に発達し、ごく狭い地域に豪雨をもたらす現象を予測することは現時点では非常に難しいことです。また、現象を実況するにしても、この豪雨はあまりに雨が強いためレーダの電波すら十分に通り抜けることができず、名古屋地方気象台のレーダでも、名古屋大学のレーダでも、名古屋市を通過しながら発達したこの積乱雲については、その構造などの実態が十分に把握できませんでした。日本の各都市では、道路の舗装、下水・排水の整備が進んでいますが、それらはいずれも時間雨量50ミリ前後の降雨を想定しているため、それ以上の雨が降ると、どうしても浸水、冠水が起こりやすくなってしまいます。このような水災害は新しい都市型災害といわれています。頻繁ではないにしても、積乱雲は1時間に50ミリ以上の雨を降らし得るものです。

〈小さくてもスーパーセル〉

一九八三年七月に愛知県春日井市で起こった豪雨は、一つの積乱雲がごく局地的にもたらした豪雨として気象学的にも大変興味深い注目すべきものです。図8・2に示されているように、春日井市では15時から18時の間に183ミリもの雨が降り、市内各地に床上浸水、床下浸水が起こりました。しかし、図からわかるように、この豪雨は平均間隔17キロのアメダス観測点（▲）では記録されておらず、わずかに春日井市にある愛知県雨量観測点で記録されているのみです。いかに局地的に起こった豪雨であるかが分かると思います。この現象は名古屋大学のレーダにより詳しく観測されていましたが、大変興味深いことは、この豪雨がただ一つの特殊な積乱雲によりもたらされたことです。この日、周辺に積乱雲がいくつも形成されましたが、そのいずれもが、レーダエコーとしては北西に移動しながら30分以内に消滅していました。ところが、春日井市上空の積乱雲のみが長続きし、しかも市の上に約3時間停滞したままでした。特徴的なことは、レーダで観測されたその3次元構造が、停滞していた3時間の間ほとんど変わらなかったのみでなく、18時以降南にゆっくり移動した間も2時間はその構造を変えなかったことです。

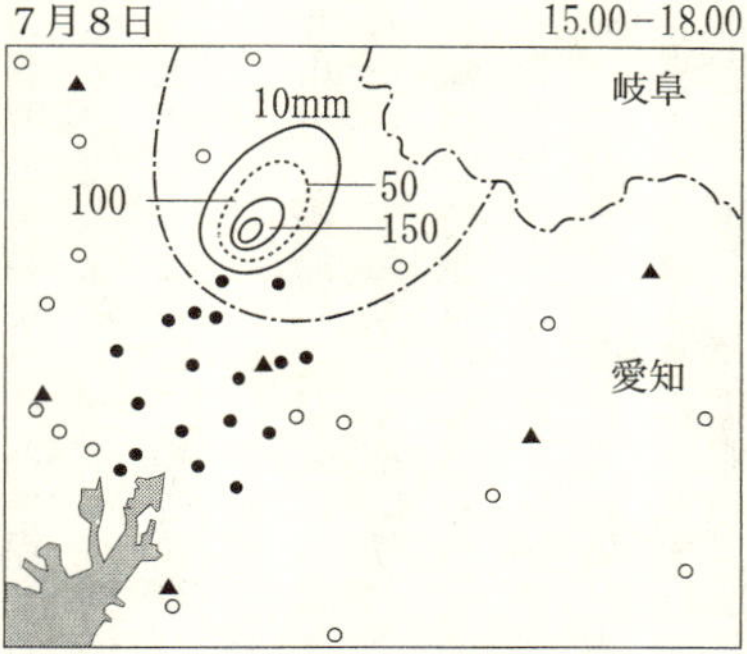

図8.2 1983年7月に愛知県春日井市で起こった局地的な豪雨における15時から18時までの雨量分布 瀬古・武田（1987）による

ここでは詳細は省きますが、この積乱雲は基本的には前述のスーパーセル型の積乱雲と同じ構造を定常的に維持していたと考えられています。しかも長時間停滞したわけです。注目すべきことは、その雲頂がせいぜい10キロ程度のものであり、これまで欧米を中心に多数例が報告されてきた巨大なスーパーセル型の積乱雲とは異なり、小型のものであることです。通常のスーパーセル型の積乱雲は、トルネードや大きなひょうなどの激しい現象を引き起こしはするものの、それがもたらす雨量はそれほど多量ではありません。一方、春日井市上に停滞したものは、大きさは小型でも、3時間に183ミリという多量の雨をもたらしており、非常に効率よく雨をつくり降らせ続けました。日本の積乱雲の大変興味深い特徴を示したものということができます。

余談になりますが、この積乱雲は私の研究室の大学院学生のS君が観測したものです。このように興味深い積乱雲は、100回位積乱雲の観測を試みても観測できるかどうかわかりません。S君は山登りが好きで、研究テーマはそっちのけで、なかなか研究室に出てきて観測をしようとはしません。ところが、この日はどういう風の吹き回しかたまたま研究室に現れ、レーダ観測を始めたところ、春日井市の上に特殊な積乱雲が現れ、その生涯の一部始終を観測することができたというわけです。そして、そのデータをもとに大変良い研究論文を発表しました。その後も、S君の場合は似たようなことが数回ありました。運も才能の一つといいますが、S君の場合は本当にそうでした。

線状に並ぶ積乱雲の群

一つの積乱雲により豪雨がもたらされることもありますが、数百ミリの豪雨が起こるためには、数個から十数個の発達した積乱雲が豪雨域を通過して次々と雨を降らすことが必要です。実際に、日本の集中豪雨の多くは、線状に並んだ積乱雲の群によって起こっています。面白いことに、地球上のあちこちで積乱雲の群はしばしば線状に並んでいます。その様子は、まるで積乱雲は線状に並びたがっているとでも思いたくなるほどです。線状の積乱雲群として最もよく知られており、また研究が進んでいるものはスコールラインとよばれる現象ですので、集中豪雨をもたらす積乱雲群の話をする前にスコールラインのことを説明しておきましょう。

スコールラインの大きな特徴は、長さ数十キロ、時には１００キロ以上にわたって横に線状に並んだ積乱雲の群が、強い雨をもたらしながら、また、雷、突風など激しい現象を引き起こしながら速く移動していくことです。つまり、積乱雲が並ぶ線の方向でなく、線に直交する方向に地上近くの風より速く、時には地上風に逆らって移動していきます。従って、さまざまな災害をもたらすほど現象的には大変激しくとも、一つの地点でみる限り激しい現象が長時間続くことはありませんし、豪雨になることもほとんどありません。もちろん、日本でもスコールラインは起こっています。

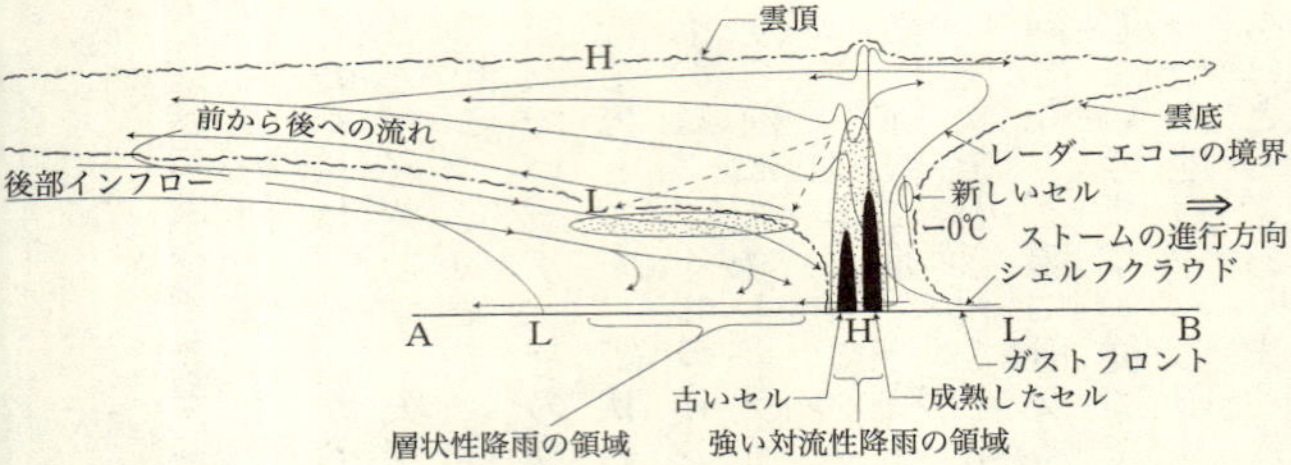

図8.3　スコールラインの構造　矢印のついた線はスコールラインに相対的な気流を表し、影をつけた部分と黒塗りの部分はレーダエコー強度が強いことを示す。Houze他（1989）による

図8・3はスコールラインを横断する断面図を模式的に描いたものです。現象は全体として右に進んでいますが、その特徴は、主要部を占める発達した積乱雲（あるいは降水セル）の前方に新しい積乱雲（あるいは降水セル）が形成されていることです。時間がたつにつれて、新しくできたものが発達して主要な積乱雲となり、前に存在していたものはスコールラインに相対的に後方に移動し、いずれ消滅していきます。この構造は、先に述べた組織化された多重セル型の積乱雲の構造と定性的に非常によく似ています。スコールラインが地上の風より速く移動するのは、主要部を占める積乱雲が上空の風などの影響を受けて速く移動する以外に、その前方に新しい積乱雲が次々とできるからです。

　スコールラインのもう一つの重要な特徴は、中層から上層にかけて後方に広く広がる層状性の雲の存在で、ときには後方１００キロ以上の地域にわたって雨を降らせます。この雲が維持されている機構は必ずしも十分に明らかにされていませんが、かなとこ雲のように単に積乱雲の上部から広がっているものではなく、積乱雲よりかなり大きな空間スケールの上昇気流により維持されているようです。この層状雲はさまざまな降雪粒子から構成されていて、これらの降雪粒子は落下しながら気温0度の高度以下で融け、地上では広域にわたって降雨をもたらします。当然、レーダ観測では、第4章で述べたブライトバンドが観測されます。

このように、スコールラインはライン状の積乱雲群と広域の層状性の雲からなり、全体として数時間から十数時間維持されながら速く移動します。かなり広い領域に雨を降らせますが、移動速度が速いため1ヵ所に多量の雨をもたらすことはありません。〝速く移動する線状積乱雲群〟ともよばれるスコールラインが集中豪雨をもたらすことはないわけです。狭い領域に集中的に豪雨をもたらす積乱雲群は、多くの場合〝ゆっくり移動する線状積乱雲群〟ですが、実は、スコールラインに比べて研究例が非常に少なく、残念ながら研究がまだ十分に進んでいないものです。

集中豪雨の具体例

集中豪雨は、多量の雨をもたらし得る水分と、激しい対流現象を起こし得る不安定エネルギーが大気に充満している時に大気中に起こる一種の破壊現象です。最近では、豪雨がどこかで起こりそうだという予報はかなり正しくできるようになりましたが、破壊現象のようなものですので、集中豪雨がいつ、どこで起こるかをあらかじめ予測することは大変に難しいことです。また、ゆっくり移動、あるいは停滞して集中豪雨をもたらす積乱雲群は、その構造や形成、発達、消滅の過程を通常の気象観測網により詳細に調べるには小さすぎ、寿命も短すぎます。集中豪雨が発生する機構を明らかにするためには、さまざまな観測機器を臨時に密に設置した観測網を特別に展開して、集中豪雨を引き起こすような積乱雲群ができるのを待ち構えるわけですが、それがいつ、どこで起こるか予測できないわけですから、集中豪雨の研究は依然として大変難しいわけです。

ここでは、日本で実際に起こった集中豪雨の例を二つあげて、その特徴を具体的に示すことにしましょう。いずれも、通常は雨量が数百ミリに達するような豪雨はほとんど起こらない地域に起こったもので、それだけに豪雨災害がひどかったものです。

〈二〇〇〇年九月に発生した東海豪雨〉

東海豪雨では、平野の中にある名古屋市に平均年雨量の1／3にもあたる580ミリの雨が1日以内に降りました。日本列島の中には、集中豪雨が絶対起こらない場所はないことを改めて印象づけました。また、都市部の浸水、冠水がひどく、先にも述べた新しい都市型災害について重要な問題点をいくつも提起しました。図8・4は九月一一日0時から一二日9時までの総雨量の分布図で、いかに狭い地域に多量の雨が集中して降ったかがよく分かります。日本列島の南方海上にある台風が列島に多量の水蒸気を送り込んでおり、また、列島には秋雨前線がかかっていて、列島のどこかで豪雨が起こる条件は整っていました。

図8・5はレーダ観測をもとに得られた一一日13時から15時までの雨量分布図です。雨量40ミリ以上の降雨帯が南北方向に約100キロ伸びています。このような降雨帯が東に向かってゆっくりと移動してきて、その後は名古屋市の上を通る形で停滞してしまったわけです。この降雨帯もまた、スコールラインのようにいくつもの積乱雲から構成されていたのですが、スコールラインとの大きな違いは、それらが降雨帯の方向に移動していることです。もしも積乱雲が正確に降雨帯の走向に沿って移動するならば、降雨帯は停滞していることになり、降雨帯の走向からやや東寄りに移動するならば、降雨帯は全体としてゆっくり

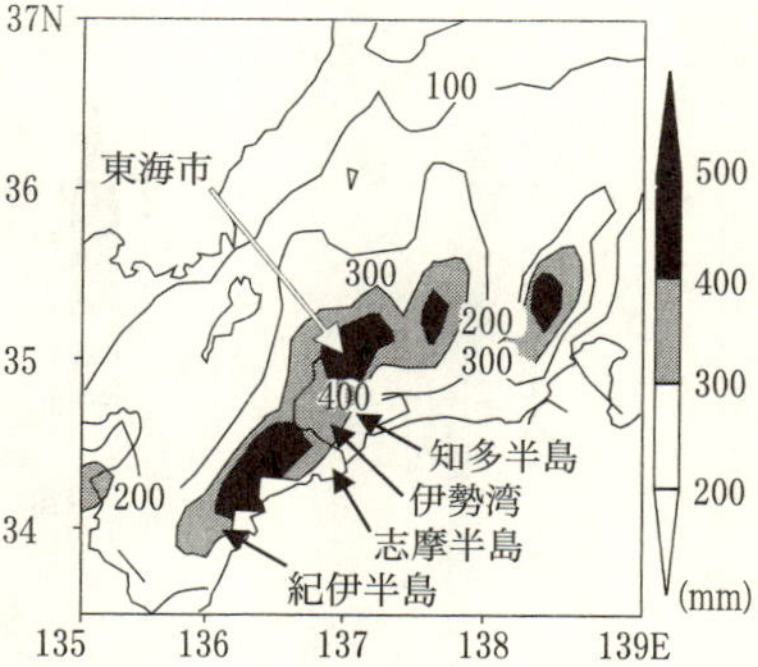

図8.4　2000年9月に起こった東海豪雨における11日0時から12日9時までの総雨量の分布

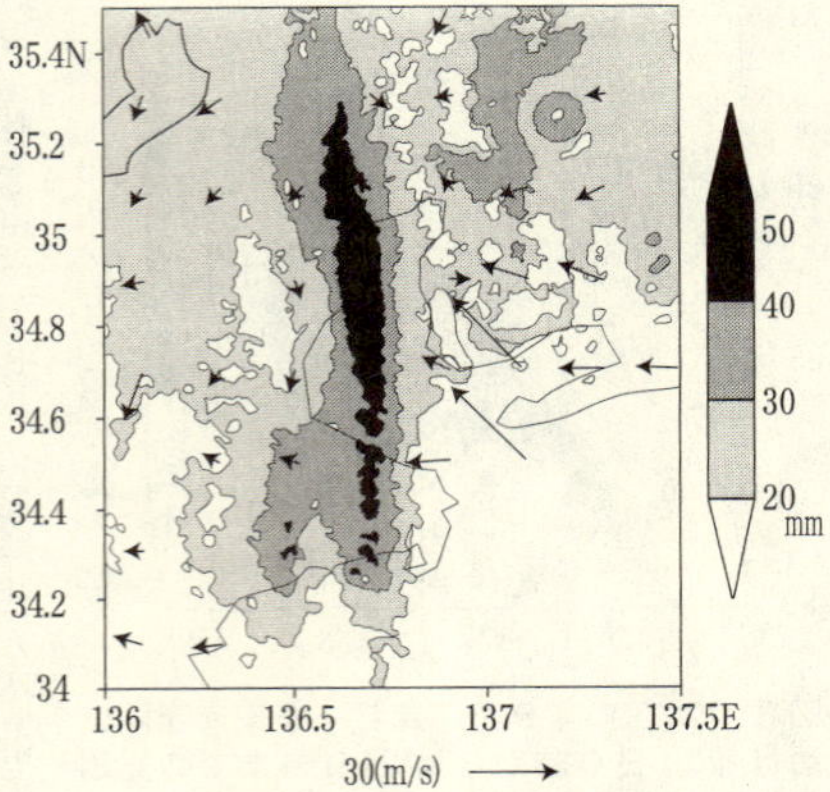

図8.5　東海豪雨における11日13時から15時までの雨量分布と地表風の分布　ただし、雨量はレーダから評価した高さ３キロのもの

と東に移動していくわけです。東海豪雨ではこの降雨帯がほぼ停滞したのです。

同じ領域に豪雨が数時間以上降り続けるためには、降雨帯が全体として停滞するだけでなく、降雨帯が長続きしなければなりません。この降雨帯では、興味深いことに新しい積乱雲が降雨帯の南端付近に次々と生まれ、それらが発達しながら、同じように北に移動したため、降雨帯は全体として停滞すると共に維持されていました。図8・5に示されている下層の風からも分かるように、降雨帯に沿って北に移動した積乱雲は、下層の南東風により常に東側から対流の不安定エネルギーと水分を補給されながら発達し、雲内に雨を貯めていきました。図8・6は、そのように移動したいくつもの積乱雲のレーダエコー強度の平均像で、降雨帯の中心部の鉛直構造を示しています。注目すべきことは、中央からやや北寄り（図では右側）のとこ

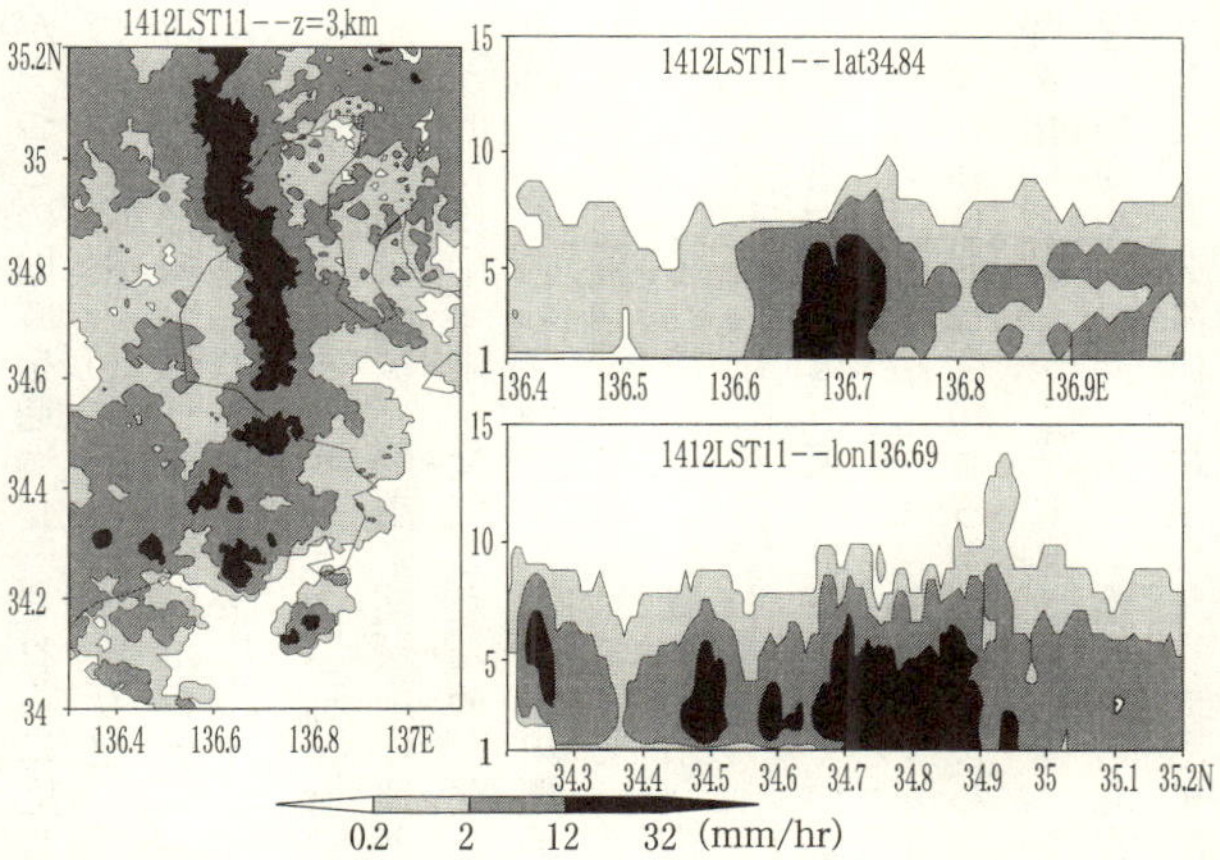

図８.６　図８.５に示した降雨バンドの鉛直断面図　図は11日14時12分のレーダエコー強度の分布を示す

ろ、つまり、名古屋市や東海市付近でエコー強度が最も強く、またエコー頂も高くなっていることです。言い換えると、南から降雨帯に沿って移動してきた積乱雲の多くは名古屋市や東海市付近で強い雨を最も多くもたらすタイミングで発達し、移動してきたわけです。

これらの積乱雲は、発達しながら移動し、雲内に貯めてきた雨を名古屋市や東海市付近で多量の強い雨として一挙に落としていったと言う方がよいかも知れません。東海豪雨ではこのような現象が起こっていたわけです。ここでは詳細は省略しますが、東海豪雨では、２日間に降雨帯より大きい水平スケールの気象擾乱が三つこの地域を通過し、それらに応じて降雨帯の東側と西側の風の場が変わり、そのために降雨帯が3回盛衰を繰り返していました。そのことは豪雨域の雨の強さが数時間毎に強弱を繰り返していたことにも顕れています。このような変化は東海豪雨が示した興味深い特徴の一つです。

〈一九七二年七月に発生した西三河東濃地区の豪雨〉

この集中豪雨は、梅雨末期豪雨の典型例です。七夕の頃、日本列島のあちこちでゲリラ的に集中豪雨が発生したため、ゲリラ豪雨、七夕豪雨、あるいは47・7豪雨とも言われたものの一つです。西三河東濃地区は通常多量の雨が降ることはなく、過去100年間に集中豪雨は起こっていませんでしたので、山の崖下に多くの人が住んでいました。そのために、この豪雨により約100名の人が亡くなりました。集中豪雨の怖さを如実に示したものです。

この集中豪雨は、東海豪雨といくつかの点で類似しています。図8・7に示されているように、長さ100キロ程度の帯状域に6時間に大量の雨が降り、豪雨の中心域では300ミリを超える雨が降りました。帯状の雨域の中にある観測点での雨量の時間変化は、数十分ごとに雨が強くなっていることを示しています。レーダ観測によると、東海豪雨と同じように南西から北東に伸びる降雨帯が長時間停滞していました。そして、その降雨帯に沿って次々と積乱雲が移動していました。それらの積乱雲の多

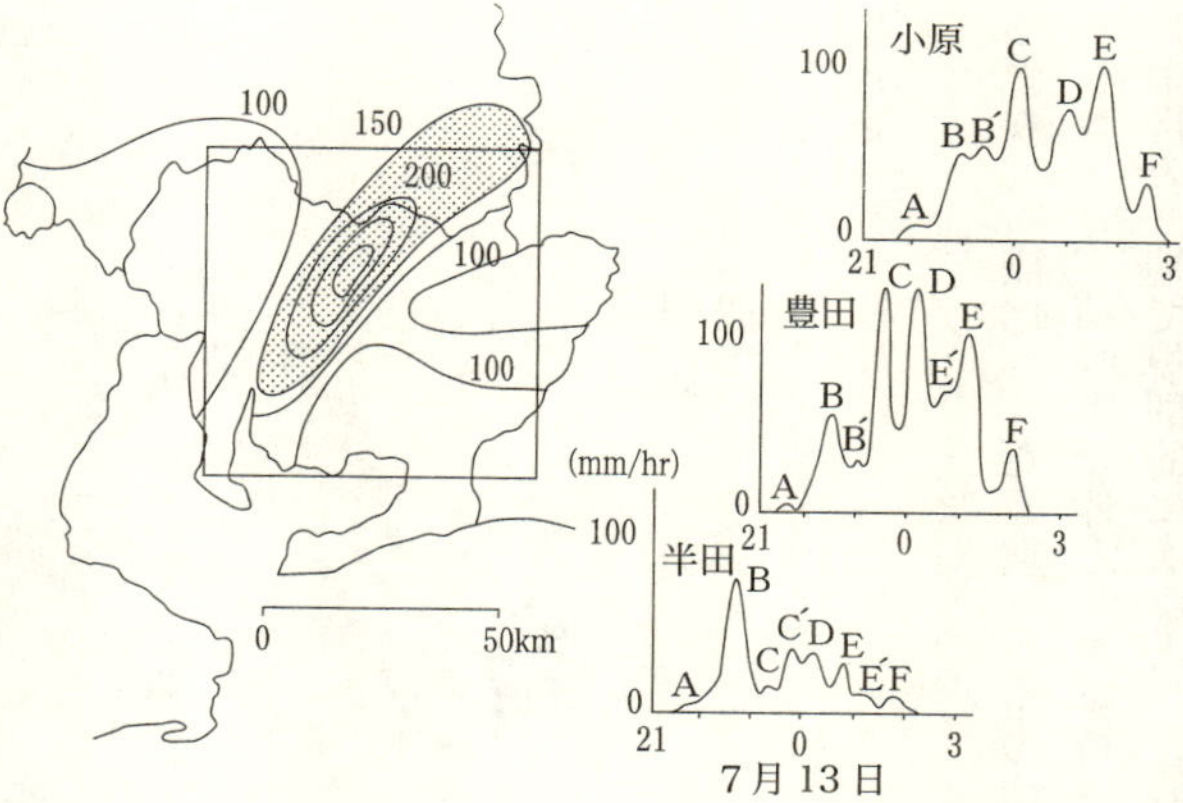

図8.7　1972年7月に西三河東濃地区で起こった集中豪雨における総雨量分布　豪雨帯の中心線にある小原、豊田、半田における雨量強度の時間変化も示す。武田（1981）による

くは、最初、降雨帯の南西端のほぼ同じ領域に現れた後、北東に移動し、南側から吹く下層の風により対流の不安定エネルギーと水分を補給されながら伊勢湾を越えて豪雨域に達しています。

注目すべきことは、降雨帯に沿って移動してきたそれぞれの積乱雲がどの地点に最も多くの雨をもたらしたかを調べると、図８・８から分かるように、それらはほぼ同じ地域でした。つまり、同じ道をたどって移動してきた積乱雲が、雲内に貯めてきた雨を、集中攻撃をするかのようにほぼ同じ地域に落としていったわけです。その地域が豪雨の中心域です。これらの特徴は東海豪雨の場合と非常によく似ています。

東海豪雨と西三河東濃地区豪雨のもう一つの共通点は、降雨帯を構成していた積乱雲が長続きするものであったことです。この特徴は、集中豪雨をもたらさなかったにしても、〝ゆっくりと移動するライン状積乱雲群〟の他の例でも見出されています。つまり、組織化された多重セル型の積乱雲のように、構成するセルが規則的に入れ替わりながら、積乱雲全体として維持されていたことです。降雨帯を構成する積乱雲は降雨帯の一端で規則的に次々と生まれたわけですから、積乱雲の形成、入れ替わりに

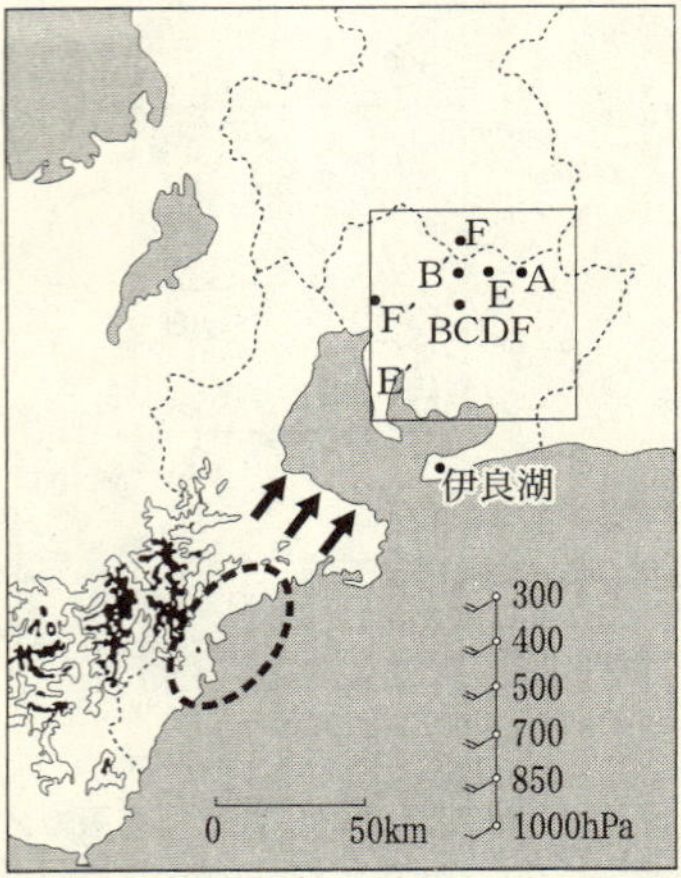

図8.8 A、B、……、F、F′の各積乱雲がレーダエコーとして観測され始めた地域（点線で囲まれている地域）とそれぞれが最大強度の雨を降らした地点
武田（1981）による

よる降雨帯の維持と、降水セルの形成と入れ替わりによる積乱雲の維持という二重の組織化が起こっていたわけです。これは〝ゆっくりと移動する、あるいは停滞する線状積乱雲群〟の興味深い特徴ですし、集中豪雨を引き起こす降雨帯の一つの特徴であると言ってもよいようです。

集中豪雨が発生する条件

愛知県春日井市に局地的に起こった豪雨のような例もありますが、さしわたし数十キロから100キロ程度の地域に数時間に数百ミリの雨が降るような集中豪雨は、一般に数個から十数個の積乱雲が次々と雨をもたらすことにより起こります。従って、集中豪雨が発生するための条件の一つは、強い雨をもたらす積乱雲が次々と形成され、発達することです。つまり、対流雲が発達できるように暖かくて湿った空気が大気の下層に十分にあることが必要です。

しかし、積乱雲が形成され発達することは、大気中にある対流の不安定エネルギーを解消することですから、積乱雲が次々とつくられて発達するためには、下層に温湿な空気が効果的に供給され続けることが必要です。また、大気の中層以上に冷たい空気が流入することは積乱雲が発達するのに有効ですし、さらに、それらの空気が冷たいのみでなく乾いているならば、長続きする組織化された積乱雲がつくられやすく、多量の雨が空間的に集中し、また効率よくつくられると考えられます。温湿な気団と冷たい気団が定常的にぶつかる梅雨前線、あるいは秋雨前線の周辺は、このような大気の条件が満たされやすく、さらに日本の南方に台風が存在していれば、南からの温湿な空気がより強力に供給され続けるわけです。

集中豪雨発生のための二つ目の条件は、発達した積乱雲がほぼ同じ地域を次々と通過し、強い雨をもたらすことです。この条件はいろいろな現象により実現され得ると考えられますが、最も有効なものは、ほぼ同じ場所に次々と積乱雲がつくられそれらが豪雨域をめざして同一方向に移動すること、つまり積乱雲が一列縦隊になって移動することです。これは、現実的には降雨帯が長時間停滞するということです。一列縦隊になって移動している積乱雲それぞれが発達し維持されるためには、列の横、おそらく右側、つまり南あるいは東南寄りに下層で温湿な空気が供給され続けることが必要です。また、列の左側、つまり北あるいは北西寄りに中層以上で冷乾な空気が供給されることは積乱雲の発達、維持に大変有効です。降雨帯を構成する積乱雲が長続きする組織化されたものとなれば、降雨帯としてもかなり発達したものになると考えられます。

〈雨の集中化の謎〉

問題は、降雨帯の端のほぼ同じ場所にどのようにして積乱雲が次々とつくられるかです。一九七二年の西三河東濃地区豪雨では、積乱雲は志摩半島のやや南で次々とつくられ、二〇〇〇年の東海豪雨では熊野の沖で積乱雲が次々とつくられていました。長崎半島から諫早を通って有明海に伸びる停滞性の降雨帯がしばしば現れますが、この場合は明らかに半島の地形が積乱雲の形成に寄与しています。また、一九九七年七月に出水市で起こった豪雨は南西海上から伸びてくる降雨帯の北東端付近で起こりましたが、この降雨帯の形成には甑島の地形が寄与していたと考えられています。これらの場合のように、停滞する降雨帯の形成には地形の働きが重要と考えられる例がありますが、多くの場合その形成原因は不明です。東海豪雨についても、現時点ではどういう機構で降雨帯をつくる積乱雲がつくられたのか、残念ながら不明です。停滞する降雨帯が現れ、それが発達していることが観測されれば、集中豪雨発生の可能性はかなり高いのですが、停滞する降雨帯がいつ、どこでできるかを予測することが大変難しいのです。

停滞する降雨帯を構成する積乱雲は、降雨帯内のどこに雨を降らしても良いわけですから、停滞する降雨帯ができてもそれだけでは集中豪雨にはなりません。前述の二つの具体例でもそうであるように、集中豪雨が起きる場合は、降雨帯内を移動してきた積乱雲の多くは、途中である程度の雨を降らしながらも、まるで集中攻撃をするかのようにある特定域に多量の雨を落としていきます。特に、降雨帯が海上から陸上に伸びている場合、積乱雲は上陸後に雨の集中攻撃をしていることが多いようです。このことは、積乱雲による雨の集中攻撃には、周辺の地形がかなり重要な影響を及ぼしていることを示唆しています。しかし、後の章でも述べるように、降雨に対する地形の効果は大変複雑で、様々なものが考えられます。雨の集中攻撃という現象に対する地形の働きは、その解明が大変難しいものでしょうけれども、雨の科学において興味深い研究課題です。

第９章　人工衛星から観る雲の群（クラウド・クラスター）

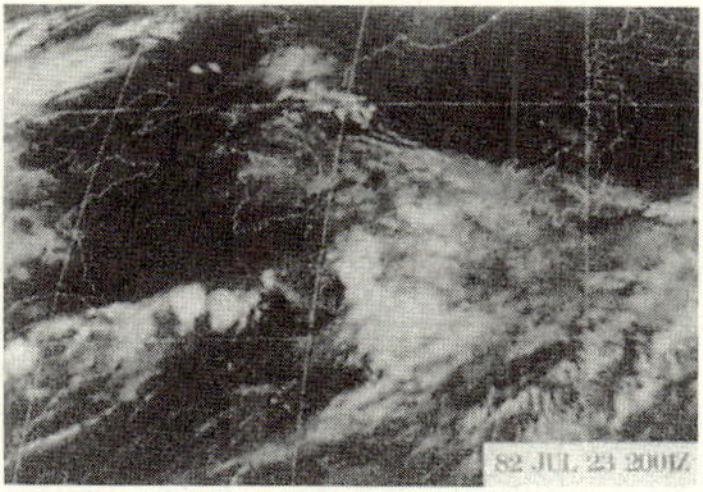

図９.１　1982年７月の長崎豪雨時に観測されたクラウド・クラスター　（武田喬男他、『水の気象学』、東京大学出版会、1992）

メソスケールの現象

人工衛星によって宇宙から雲の観測が行われるようになり、雨の科学の研究も大きく変わりました。それは大きさが数百キロにわたる雲群の存在が明らかになり、雲群の振る舞いや構造などが明らかにされてきたためです。それらの雲群は通常クラウド（雲）・クラスター（群）とよばれており、日本では、一九八二年に長崎豪雨が起こった時、図９・１のように、西側の海上から次々とクラウド・クラスターが上陸しては長崎地方に豪雨をもたらしたことが観測され、それがきっかけになってその存在が注目されるようになりました。クラウド・クラスターの特徴は、形状が円形、あるいは楕円形の塊状で、大きさがさしわたし数百キロであること、発達した積乱雲などの、雲頂の高い雲を数多く含んでいることです。先に述べたスコールラインも、大きいものは宇宙からはクラウド・クラスターとして観測されることがよくあります。また、クラウド・クラスターの一部で豪雨が観測されることがよくあります。

気象学では、温帯低気圧や高気圧といった水平スケールが数千キロの擾乱を総観規模の擾乱と呼び、また、激しい降水現象をもたらす積乱雲や積乱雲群などは中小規模現象として分類してきましたが、最近はこのスケールの気象擾乱を、メソスケール擾乱と呼ぶようになりました。メソスケール擾乱は、豪雨や突風災害をもたらし、また、独自な生成・発達過程や構造をもつことから、多くの研究者によって活発に研究が行われています。そして、メソスケールの現象はさらに特徴的な三つのスケールのものに分類されています。メソ・ガンマスケールの現象とは大きさが2～20キロのものをさし、降水セルや積乱雲がその代表的なものです。メソ・ベータスケールの大きさは20～200キロで、多くの積乱雲群がこの大きさをもっています。そして、メソ・アルファースケールの大きさが200から2000キロにあたります。これらの定義は、もともとは1～10マイル、10～100マイル、100～1000マイルの大きさとしてなされたものです。クラウド・クラスターとよばれる現象は大きめのメソ・ベータスケールから小さめのメソ・アルファースケールの雲群ということができ

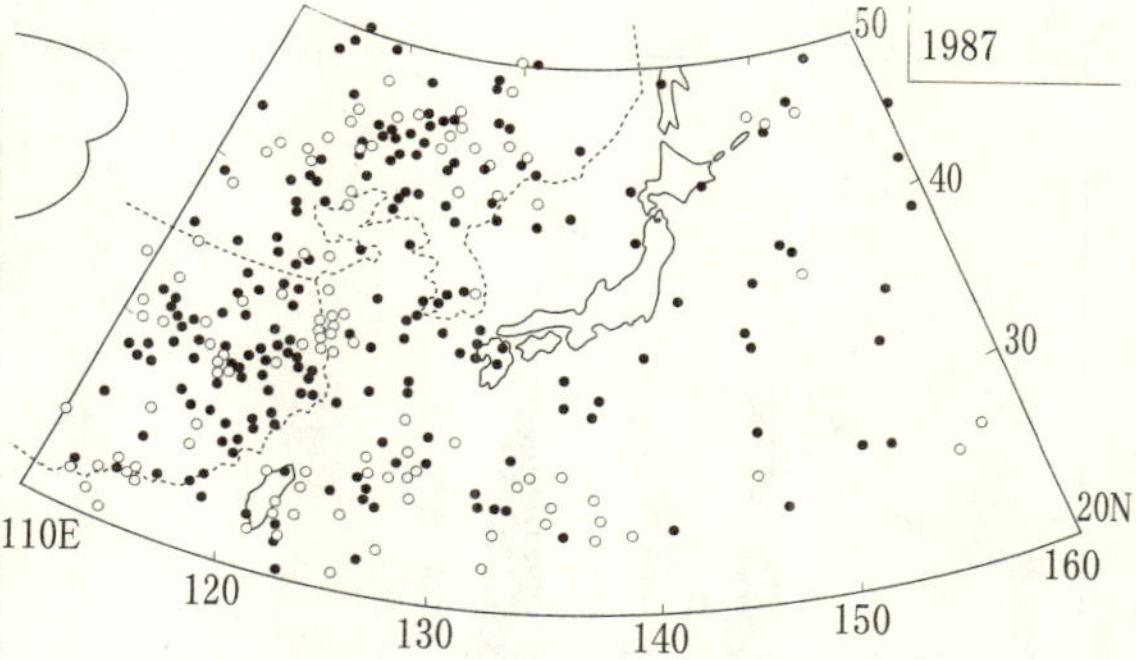

図９.２ 1987年の暖候期（４月から10月まで）に観測されたクラウド・クラスター　●と○は、それぞれ、最大直径が200キロ以下のもの、200キロ以上のものが最初に観測された地点を示す。岩崎・武田（1993）による

ます。

それでは、クラウド・クラスターは日本周辺でどの位出現しているのでしょうか。それを示したものが図９・２です。一九八七年の四月から一〇月までの暖候期に、大陸上のものも含めて、５００個以上のクラウド・クラスターが出現しています。これらの中には出現してもすぐに消滅してしまうものもありますが、10時間以上も存在し続ける大きいものもあります。日本列島に上陸すると、それらはかなり広い領域に多量の雨をもたらすと共に、局地的に豪雨をもたらすこともあります。このような現象は梅雨期に特に多く、図９・３のように、大きなクラウド・クラスターが通過したことにより、九州全域にわたるような広域の雨が

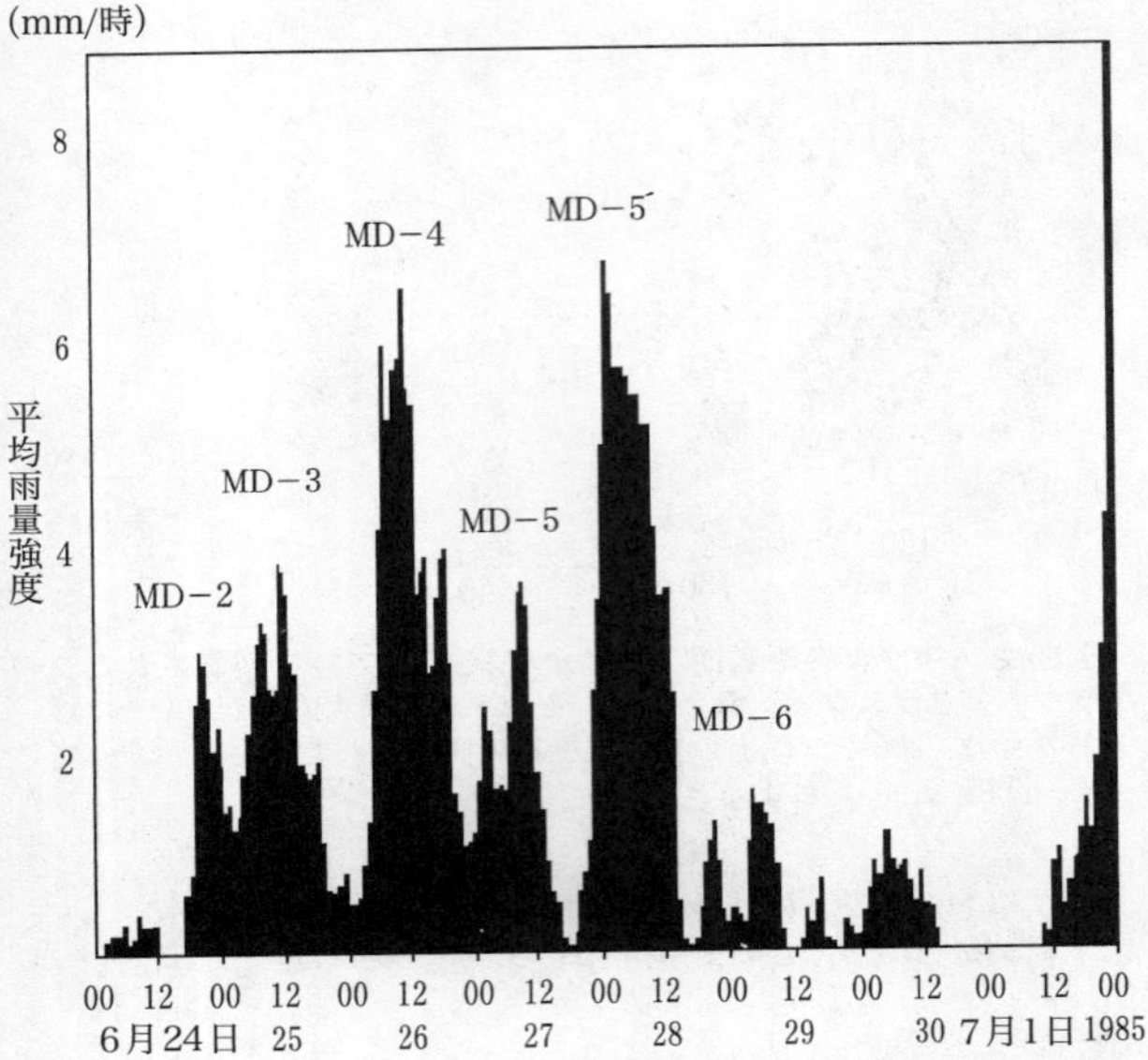

図9.3 1985年6月から7月にかけての九州全域での平均雨量強度の時間変化　クラウド・クラスターの通過に伴い平均雨量強度が増減している

毎日のようにもたらされることがあります。しかし、ひと口にクラウド・クラスターといっても、それは人工衛星から観測されたものとしてある共通の性質を示しているということであって、実際には、その振る舞い、構造はさまざまです。中には小さな低気圧のような性質をもっているものもあります。クラウド・クラスターの研究はまだ新しいもので、明らかにされていないことが多いのですが、地上からの観測だけではその全体が把握できなかったものが、宇宙からの観測のおかげでその生涯の一部始終が把握できるようになったというわけです。次にその具体例をいくつか示すことにしましょう。

クラウド・クラスターの具体例

最初の例は、大陸上で形成された後、海上を東進し九州に上陸したクラウド・クラスターです。図９・４(a)には、このクラウド・クラスターが上陸した後の雲頂温度−50度以下、つまり雲頂が高い部分のみが示されています。この時間の15時間前には大陸上でクラウド・クラスターとして観測されていますので、少なくとも15時間は維持されながら移動してきたわけです。雲頂温度の分布から分かるように、−70度以下の非常に低温の部分（黒色域）が含まれています。つまり、非常に発達した積乱雲の群が存在しています。図９・４(b)に示してあるように、実際に、この積乱雲群の存在に対応して、４時間に２００ミリ以上の豪雨が佐世保市とその周辺で降っていました。10分間に17ミリ以上の強い雨も降りました。

このように、東進してきたクラウド・クラスターが九州に上陸して、それに関連して九州のどこかに豪雨が集中することはしばしば起こることです。東シナ海上で発生したものが上陸することもありますし、図９・４の例のように大陸上で発生したものが長時間移動してきて上陸するものもあります。大陸上で発生した後、３日もかかって九州に到達したものもありました。集中豪雨発生の予測は依然として難しいのですが、クラウド・クラスターの移動状況と発達状況などを、人工衛星観測により詳しく監視していれば、発達した積乱雲の群の出現状況も推測できるわけで、集中豪雨発生の可能性を判断することもできるわけです。もちろん、クラウド・クラスターの全てが豪雨をもたらすわけではありません。

テレビの雲画像でみられるように、梅雨前線は常に帯状の雲で覆われているわけではなく、いくつものクラウド・クラスターにより覆われていることがよくあります。図９・５は、そのようなクラウド・クラスターの例です。大変興味深い特徴は、一つのクラウド・クラスターの中に長さ１００キロ前後の雲頂の高い（雲頂温度の低い）雲の列が何本も見えることです。これらは南北方向に伸びた発達した積乱雲の列で、東西方向に5本並んでいます。このクラウド・クラスターは、複数の発達した帯状積

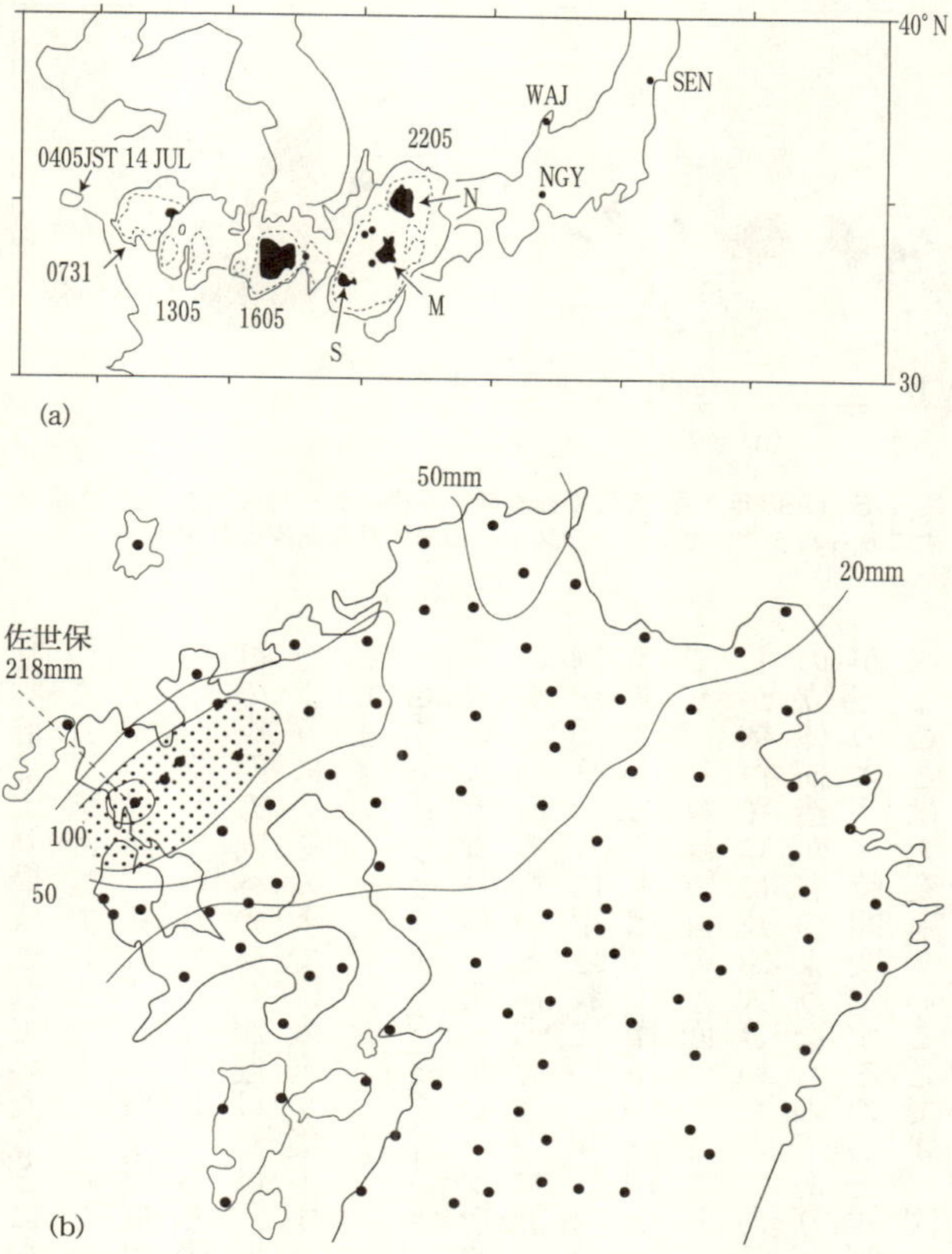

図9.4　1988年7月に佐世保市に豪雨をもたらしたクラウド・クラスター　(a) クラウド・クラスターの赤外輝度温度の分布（正確には等価黒体輝度温度と言うが、ここでは簡単のため赤外輝度温度と言う。大体、雲頂温度の分布を示す）。(b)　7月15日0時から4時までの雨量の分布。岩崎・武田（1993）による

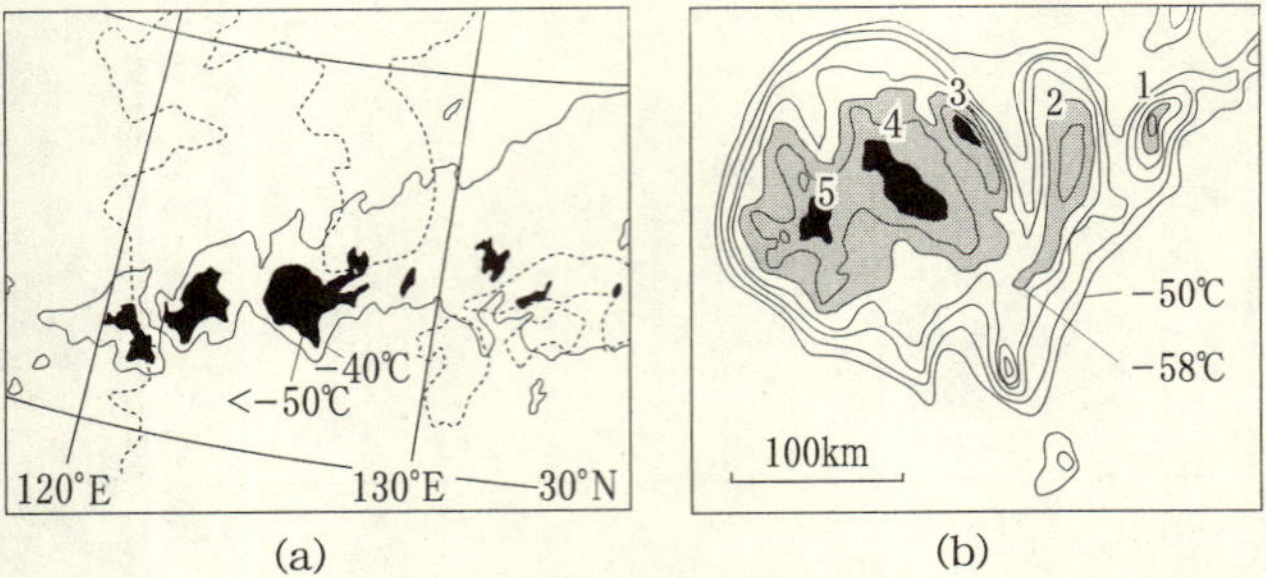

図9.5 1988年7月15日の梅雨前線雲帯の赤外輝度温度（a）と雲帯内にみられるクラウド・クラスターの赤外輝度温度の分布（b）

乱雲群により構成されていたことになります。つまり、積乱雲群の集団として存在していたわけです。当然、それぞれの積乱雲群の下では強い雨が降っているでしょうし、ある帯状積乱雲群の東西方向への移動が遅ければ、前章に述べたように、その下では豪雨が集中する可能性があります。

〈足の遅いクラウド・クラスター〉

このような特徴をもっているクラウド・クラスターの振る舞いと構造をさらに詳しく調べた例が図9・6に示されています。クラウド・クラスターの全貌は人工衛星から観ることができても、それは雲群の上面のみですし、さしわたしが数百キロに及ぶ大きいものであるため、その立体構造がどのようなものであり、またそれがどのように時間変化するのかを観測により調べることは大変難しいことです。図9・6は、

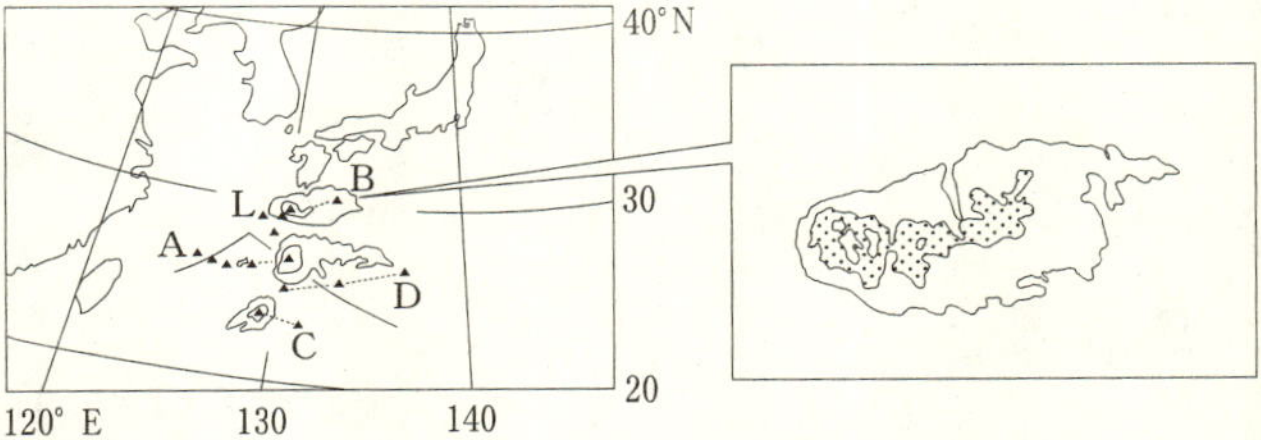

図９.６　1988年７月12日に日本南方海上で観測されたクラウド・クラスター　赤外輝度温度の分布として、左図では−40度（外側）と−60度（内側）の等値線が、右図では−50度（外側）、−60度、−65度（最内側）の等値線が描かれている。岩崎・武田（1989）による

今は群馬大学の先生になっているＩ君が私の研究室にいた頃の研究成果の一つで、博士論文の一部にもなっています。Ｉ君のすばらしい能力は、簡単な解析図（例えば、雲頂温度の分布図）の中からも、他の人が見落としてしまうようなおもしろい現象を見出すことです。それは、興味深い現象が隠されていることを敏感に感じ取る能力を持っているといった方がよいかも知れません。

Ｉ君が見出したことは、クラウド・クラスターを構成する帯状積乱雲群の入れ替わり方です。図９・６のクラウド・クラスターＢは、九州の南の海上をゆっくりと東進し、24時間以上も持続していました。非常に発達した積乱雲群が東西方向に複数並びながらクラスター内を移動していましたが、レーダ観測のデータなども参考にしてこれら積乱雲群の振る舞いを調べた結果を図９・７に模式的に示してあります。南北に伸びる複数の帯状積乱雲群のそれぞれは東進し、クラスターの東部分で衰弱していきます。興味深いことは、最も西側に位置する積乱雲群のさらに西側に、数時間毎に新しい帯状積乱雲群が現れ、東進していくことです。つまり、クラスターの東部分では積乱雲群が消滅していっても、西部分に新しく積乱雲群が次々と現れることにより、クラウド・クラスターは全体として長時間持続したわけです。組織化された積乱雲、組織化された積乱雲群と同様に、このクラウド・クラスターもまた組織化されていたと言うことができます。

東進するクラウド・クラスターの後面に新しい積乱雲群が次々とできるのですから、クラスターが東進する速度は全体として遅くなることになります。東進する個々の積乱雲群の移動速度と西側に次々と現れる積乱雲群の位置とタイミングによっては、クラスターは全体として停滞してしまうことになります。これまで研究されてきた北米、あるいは熱帯のクラウド・クラスターでは、スコールラインのように移動するクラスターの前面に新しい積乱雲群ができ、全体としての移動が速いのですが、図9・7のような振る舞いはそれとは逆のものです。このような違いがなぜ生じるのかはまだ明らかではありませんが、おもしろいことです。なお、図9・6、あるいは図9・7のクラウド・クラスターの東部分では、東進してきた積乱雲群が消滅する一方で、上層と中層に層状性の雲が東方向に広く伸びていて、広域に弱い雨を降らせていました。

日本付近に現れるクラウド・クラスターの全てが、図９・７のような構造と振る舞いを示すわけではありませんが、時には停滞しながらゆっくり東進するものがしばしば見られるのも確かです。クラウド・クラスターの移動が遅いということは、それは長時間広域に雨を降らせ続けるということでもあります。その構造が図９・７のようなものでしたら、広域に多量の雨をもたらしながら、西側から次々と移動してくる積乱雲群が各地に強い雨をもたらすわけです。まだまだ研究は進んでいませんが、梅雨期の日本ではこのようなクラウド・クラスターが豪雨をもたらすことが多いのではないかと考えられます。

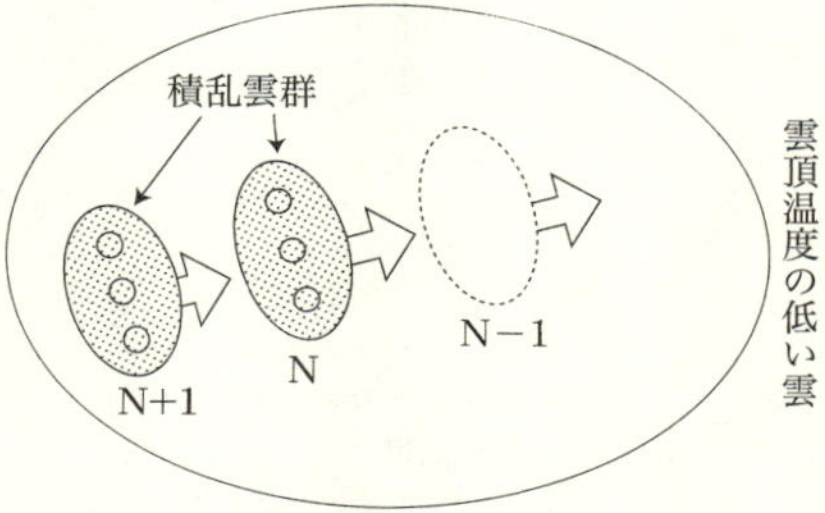

図９.７　日本周辺で観測される長寿命のクラウド・クラスターの構造　東進する複数の積乱雲群により構成されている。岩崎・武田（1989）

強い雨をもたらす雲システムの階層構造

これまで述べてきたように、強い雨をもたらす雲である積乱雲はメソ・ガンマ、メソ・ベータ、メソ・アルファーなど、様々なスケールの雲システムとして存在しています。それに応じて雨域の

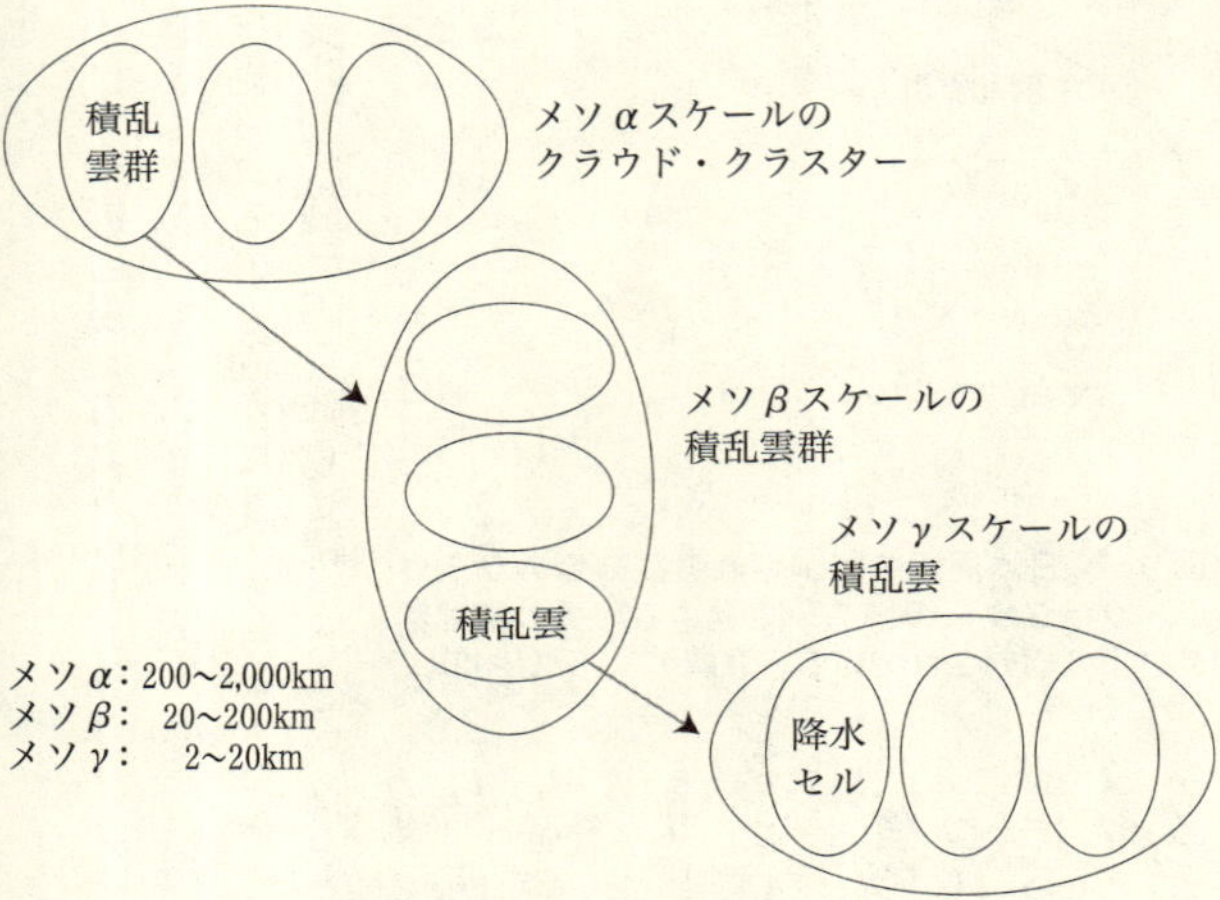

図9.8　強い雨をもたらす雲システムの階層構造

広さ、降雨時間の長さも変わってきます。大変興味深いことは、図9・8に示すように、メソ・ガンマスケールの積乱雲は、より小さないくつかの降水セルで構成されており、メソ・ベータスケールの積乱雲群はメソ・ガンマスケールのいくつかの積乱雲で構成され、さらにより大きなクラウド・クラスターは主に複数の積乱雲群により構成されていることです。つまり、積乱雲を中心とする雲システムは階層構造を示しているわけです。組織化された積乱雲、帯状積乱雲群、長寿命のクラウド・クラスターなど、それぞれの階層における組織化された長寿命の雲システムが、より下の階層の雲システムをもとにつくられているのも不思議なことです。

それぞれのスケールの雲システムがそのスケールに応じた寿命を持っていることも、考えてみると不思議なことです。通常の積乱雲の寿命は1時間程度ですし、組織化されたものでも持続時間はせいぜい数時間です。雲からの降雨の時間はその寿命に対応します。積乱雲群の寿命は数時間から1日程度で、次に述べる地形性豪雨を除いて、集中豪雨が1日以上続くことはめったにありません。また、クラウド・クラスターの寿命は数時間から数日です。積乱雲を中心とする雲システムが発達し、雨を降らせ続けるためには、まわりの大気から対流の不安定エネルギーと水蒸気が供給され続けることが必要です。それぞれのシステムがまわりの大気のエネルギーや水蒸気を使いすぎたり、あるいはそれらを集め続ける能力を失ったから寿命がつきるのか、つまり、自己破滅型なのか、それともまわりの大気がそれらを雲システムに供給し切れなくなるためにシステムが衰弱してしまうのか、これは面白い問題ですが、今のところその答えは出ていません。

しかし、強い雨をもたらす雲システムが階層構造をしているということは、小さいシステムにとっては、より大きなシステムがまわりからエネルギーと水蒸気を効果的に集める働きをしてくれていることになります。一方、クラウド・クラスターのような大きさの大気擾乱が発展し持続するためには、ある種の大気の不安定性が必要ですが、擾乱の中で多量の熱が発生することも必要と考えられます。前にも述べましたが、積乱雲が発生、発達し、雨が降ることは、雨の分だけ水蒸気の潜熱が大気中に解放されたことを意味します。クラウド・クラスター内で次々と積乱雲が発達することは、多量の熱がクラスター内で発生していることですから、それはクラウド・クラスターとして顕れる大気擾乱の発達、持続に寄与していると考えられます。ただし、これらはまだまだ推測の段階です。強い雨を降らす雲システムが階層構造をしていることの意味、それぞれのスケールの現象の役割などは、雨の科学としてもこれから明らかにされていってほしい問題です。

第10章　地形の働きによる降雨の強化と集中

雨量分布は地形の影響を受ける

ここまでは、主に雨をもたらす雲自身の構造や振る舞い、あるいは降水粒子と気流との相互作用などを中心に、強い雨の科学を述べてきました。集中豪雨の章でも触れましたように、山岳などの地形も雨の降り方にかなり影響を与えます。降雨に対する地形の効果は雨の科学の中でも特に興味深いところですが、一方では大変複雑で難しいところでもあります。

後でも述べますように、地球上には雨の降りやすいところ、降りにくいところがあります。それらは一つには大規模な大気の流れの違いに関係していますが、地形の違いともおおいに関係しています。降雪量も含んで日本の平均降水量は１７００ミリと、日本は熱帯なみに降水量の多いところですが、地形が複雑なこともあり、列島内には雨がしばしば降る地域、あるいは降水量の非常に多い地域があちこちにあります。図10・1は平均年降水量の分布を示しています。降水量が場所によってかなり異なることがよく分かります。

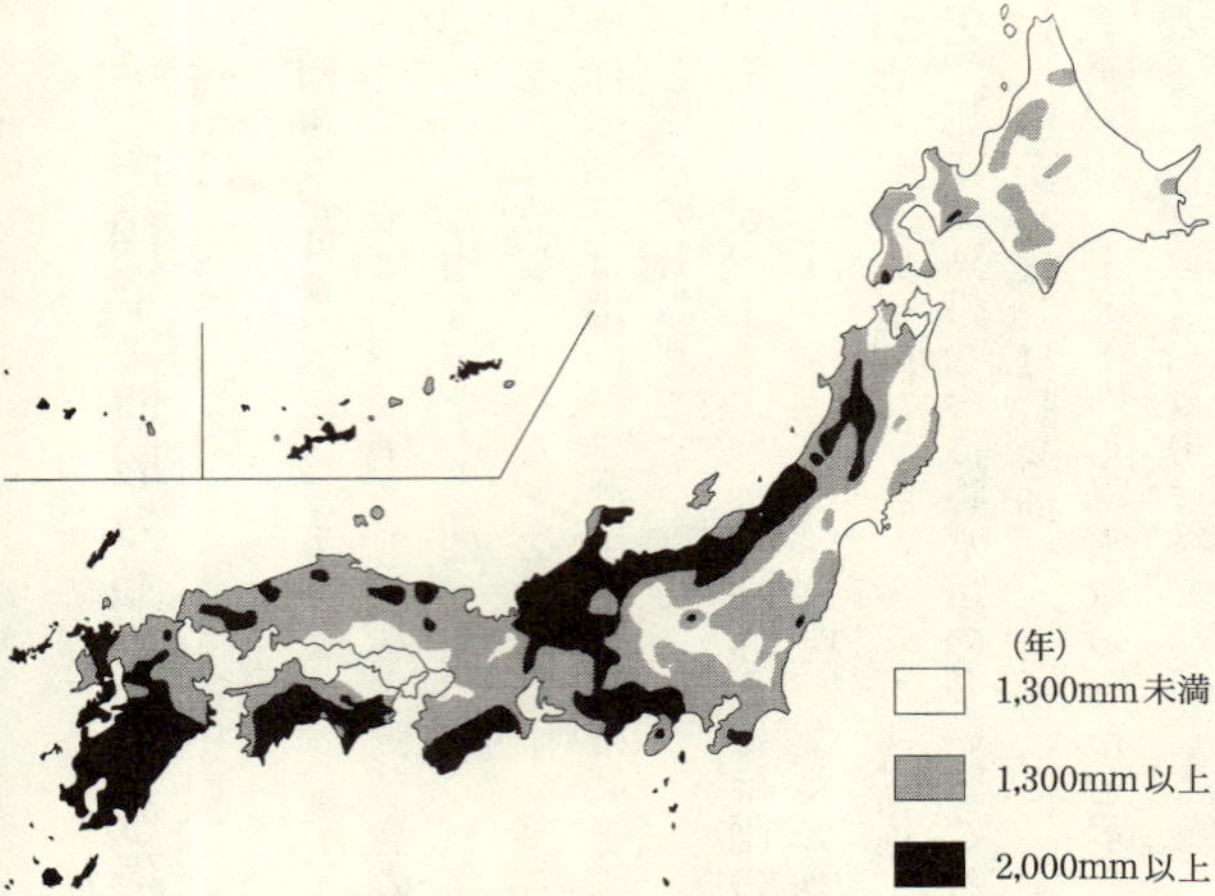

図10.1　日本列島の平均年降水量の分布　『雨の事典』（2001）による

図10・1の年降水量分布で一番印象的なことは、列島の南東部、特に九州、四国、紀伊半島の南東側沿岸部で局地的に年降水量が著しく多くなっていることです。これは、おおざっぱに言うならば、南西から北東に伸びる列島に対して南東からの風が列島に直接ぶつかりやすいためであり、また、台風や低気圧の働きにより温湿な南東風がしばしば列島に吹き込んでくるためでもあります。このような南東風の影響もあって、年降水量の多い代表的な地域は、宮崎県、徳島県、三重県の南東沿岸部です。それぞれの平均年降水量は２５００ミリを超えます。宮崎県のえびの高原では一九九三年に８６７０

ミリの年降水量も記録されています。

鹿児島県の屋久島もまた、降雨量のみでなく降雨日数が際だって多いことで有名です。洋上アルプスとも言われるように、屋久島は海から直接高い山が孤立峰として突き出しているような地形を示しており、降雨に対する地形の効果が比較的単純化されて顕れるとも考えられます。宮之浦岳を中心とする山岳の東側斜面で7000ミリ以上の雨量が、そして東側から南東側の沿岸部で4000ミリ以上の雨量が記録されています。このように、山岳地帯の東から南東の斜面、およびその沿岸部で年降水量が多いことは、日本列島上の降雨の大きな特徴の一つです。

注目すべきことは、列島の南東沿岸部では年降水量が多いのみでなく日降水量が100ミリを超すような豪雨もまたしばしば起こることです。先に、日本列島上では集中豪雨が起こらないところはないと述べましたが、一方では、豪雨がよく起こる場所があることも確かです。これらの豪雨は発生への地形の効果が顕著なため、地形性豪雨とも呼ばれます。宮崎県、徳島県、三重県の南東沿岸部は地形性豪雨の起こりやすいところでもあります。

地形性豪雨の具体例

三重県尾鷲は顕著な地形の効果により年降水量が非常に多く、また豪雨がよく起こ

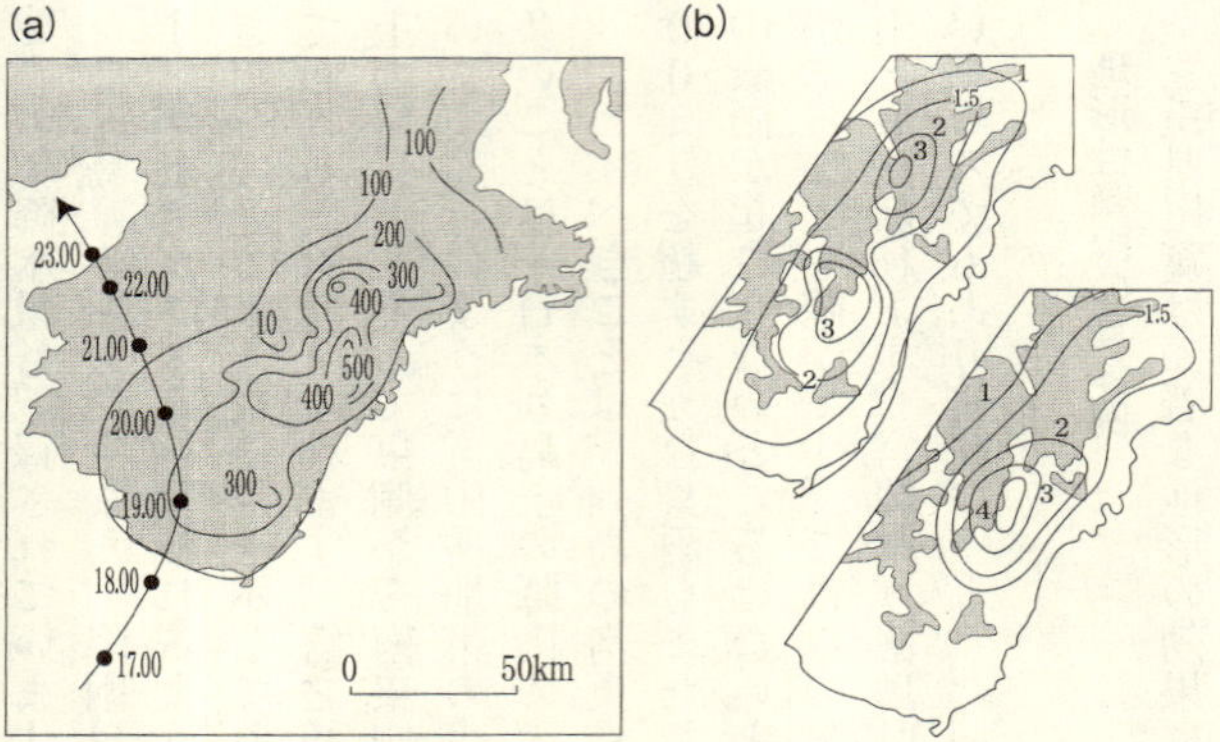

図10.2 台風7002号により紀伊半島にもたらされた総雨量の分布(a) と紀伊半島上の降雨増幅係数の分布例 (b) 台風の中心の軌跡も示す。2つの降雨増幅係数の分布では降雨の時間が1時間ほど異なる。榊原・武田 (1973) による

る地域です。ここでは、尾鷲とその周辺で起こった地形性豪雨の具体例を二つ示すことにしましょう。図10・2(a)は、台風7002号が南方から日本列島に近づいてきた後、紀伊半島の西部を通過した際に半島上に降った24時間雨量の分布図です。紀伊半島には大台山系を中心として南西から北東に山系が伸びていますが、山系中央部から南東斜面にかけて多量の雨が降ったことがわかります。このような型の雨量分布は、台風が日本列島の南方海上にあったり、列島の西部を台風が横断し、紀伊半島周辺で強い南東風が卓越している時によく見られるものです。紀伊半島の平均年降水量分布が定性的

にはこの分布図とよく似ていることも、半島の降雨への台風の寄与が大きいことを示唆することとして注目すべきです。

台風域内で降る強い雨は、主に、眼の周辺の積乱雲と眼かららせん状に伸びる何本かのレインバンドを構成する積乱雲によるものです。これらの積乱雲は、台風の接近、通過に応じて各地域を同じように通過しているにもかかわらず、結果的に紀伊半島上で記録される雨量分布は地勢に対応したものになってしまうというわけです。つまり、山岳などの地形の効果により雨の降り方が変わっていることを意味します。それは、あたかも上陸する積乱雲からの雨が地形効果により増幅されているかのようであり、その増幅の仕方が地域により異なっているためと言うことができます。特殊な解析を行うことにより、各地域の雨の増幅係数を計算することができます（図10・2(b)）。紀伊半島の南端の潮岬では降雨が地形の効果により増幅されていないので、増幅係数が1・0ですが、紀伊半島の多いところでは4倍も雨が増幅されて降っていることが分かります。また、同じ場所でも時間帯によって増幅係数の値が異なり、地形のみでなく、風向、風速など大気の状態によっても増幅の仕方が異なることが示唆されます。

どのような現象、過程がこのような降雨の増幅に関係しているのかは後で述べますが、地形効果による降雨の増幅は地形性豪雨の重要なポイントです。図10・3はその

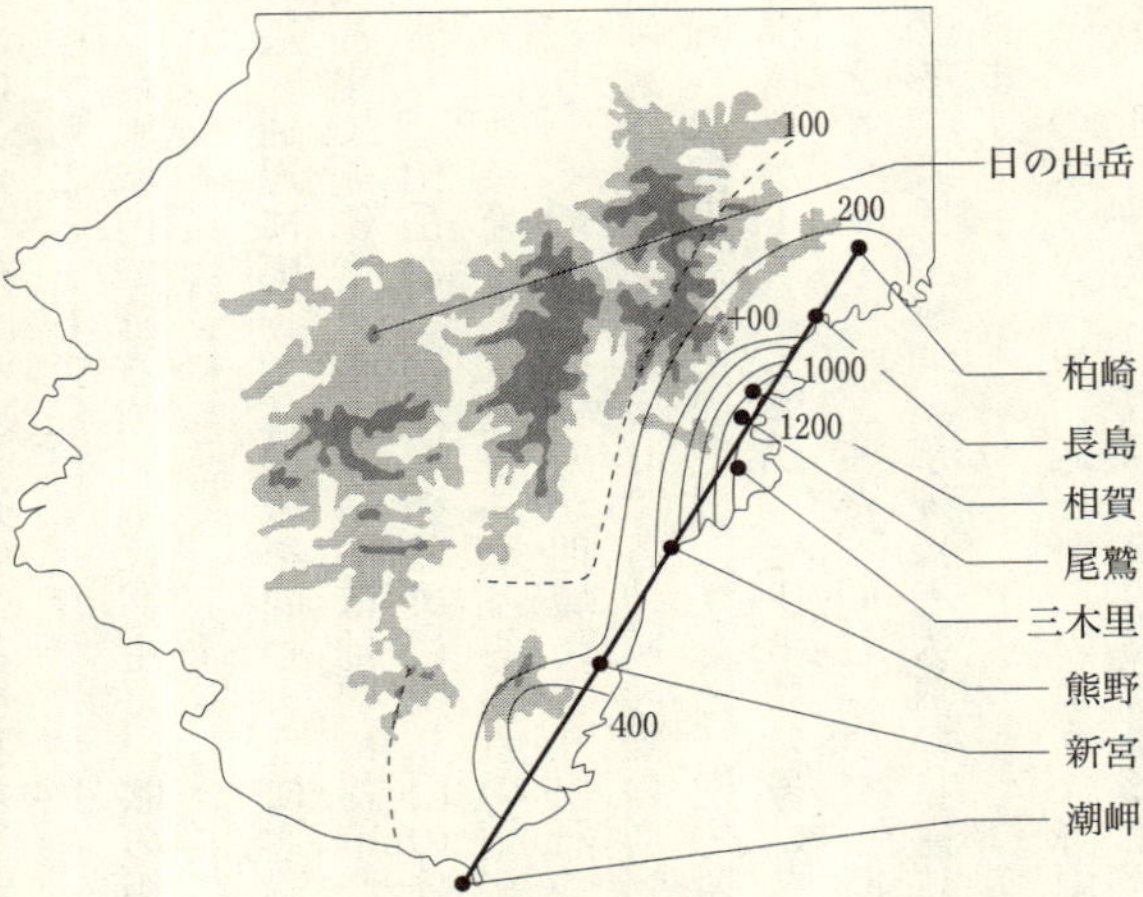

図10.3　1971年９月に紀伊半島で起こった地形性豪雨の総雨量分布（９日３時から11日３時まで）　武田・森山・岩坂（1976）による

ような地形性豪雨の典型例です。ほぼ48時間雨が降り続き、中心域の尾鷲では８００ミリ以上の豪雨がもたらされています。この豪雨もまた、列島の南方海上にある低気圧により紀伊半島に南東風が吹き続く中で起こったものです。実は、日本で地形性豪雨といわれるもののほとんどが南東風が長時間にわたって卓越する状態で起こっています。地形性豪雨の一つの特徴は、１日、あるいはそれ以上の時間帯にわたって多量の雨が降ることで、停滞する線状積乱雲群などにより発生する集中豪雨で、多量の雨が数時間の時間帯に集中するのとは異なります。

図10・2(a)に示されているものと違って、図10・3の豪雨の中心域は沿岸部にあります。南東風が吹く時に起こる紀伊半島の地形性豪雨としては両方ともよく見られる型ですが、どちらかというと南東風が強い場合に豪雨の中心域が山側にずれるようです。この沿岸部に豪雨が集中した例でも、この付近に上陸した積乱雲が他のところに上陸したものに比べてより多くの雨をもたらしていて、やはり降雨の増幅が起こっています。注目すべきことは、降雨の増幅のみでなく、海上で形成され発達した積乱雲が上陸する際、雲内に蓄積してきた雨水のほとんどを一挙に海岸付近に落としてしまうような振る舞いを示したことです。科学的な言い方ではありませんが、その振る舞いは、多量の雨水を抱えてきた積乱雲が、海岸や山岳に近づいた時にそれらの手前でつまずいてしまい、抱えていた雨水を落としてしまったかのように見えます。上陸する積乱雲が海岸付近に雨を集中して降らすことは、日本列島内あちこちでよく観測される現象です。

〈豪雨と種まき〉

それでは、山岳のような地形が降雨に及ぼす効果とは、どのような現象、過程が起こっていることなのでしょうか？　実際には、様々なことが起こっていると考えられます。図10・4は地形効果により降雨がもたらされるメカニズムの代表的なものを模式的に示しています。例えば、図10・4(a)のように、山にぶつかる風が強制的に上昇させられるために山岳付近に層状性の雲が形成され、その雲から雨が降ることが起こります。この現象は、大気の成層がわりに安定で対流性の雲が発達しそうもない時に起こり、山岳周辺に降る雨もそれほど強くありません。

このような場合に、さらにその上空に降雨をもたらす雲があると、第4章にも述べたシーダー・フィーダー・システムに似た降雨が起こります。前述の場合は過冷却の水滴が沢山ある中層の層状性の雲に上空の雲から氷粒子が種まきされ、それらをもとに中層の雲内で形成された降雪粒子が落下中に融けて地上では雨が降るというものでした。図10・4(b)に示されている降雨では、上の雲から落ちてくる雨粒が山岳周辺の下層の雲を通過する際、その雲の中の雲粒を捕捉してさらに大きく成長することも起こります。下層の雲だけでは雨粒にならなかった雲粒までが雨となって降ることになり、中層からの雨と下層からの雨を足したもの以上の雨が降るわけですので、中層からの雨が地形効果により増幅したとも言えますし、一種のシーダー・フィーダー・システムであるとも言えるでしょう。

日本周辺のように、大気下層の空気がかなり暖かくて湿っている場合は、山岳の働きで対流性の雲が発生、発達することがしばしばあります。つまり、図10・4(c)のように、山岳にぶつかる風により引き起こされる上昇気流が、下層の空気を自由対流高

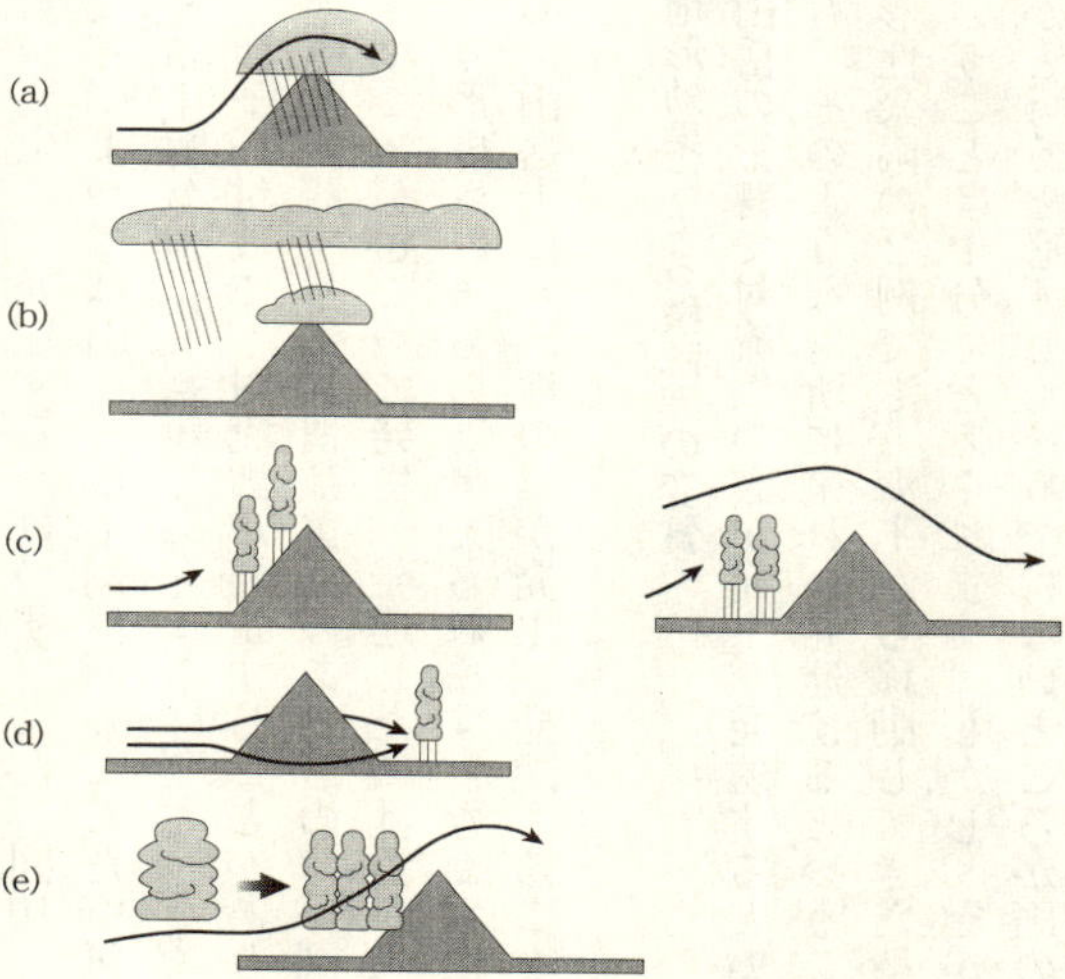

図10.4　降雨に対する地形効果のタイプ　効果は風速、風向、成層安定度などの大気の条件と山の高さにより異なる。ハウゼ(1993) による

度以上に持ち上げることにより、ある時は山岳上に、ある時は山岳のかなり手前に対流雲が発生し、発達するわけです。また、図10・4(d)のように、山岳の形状、風の強さなどによっては山岳の風下側に回りこんだ空気が集まるところができ、そのためにできる上昇気流が対流雲を発生させることもあります。孤立峰である屋久島の風下側、種子島付近でも対流雲が発生することがあります。集中豪雨をもたらすものとして述べた停滞する帯状積乱雲群のあるものは、図10・4(c)、あるいは、図10・4(d)のようなことが起こって発生、発達した積乱雲が次々と山の風下側に移動していくことにより形成されるものと考えられます。なお、山岳が太陽に照らされて温まり、そのために山岳上に対流性の雲が発生、発達することもあります。

地形効果による積乱雲の変質

山岳の影響で対流性の雲が発生、発達するということは、他から移動してきた積乱雲も、そのような場所に来れば発達するということでもあります。紀伊半島における地形性豪雨の2例でも、海上から移動してきた積乱雲が山岳の影響を受けて発達したということは十分に考えられます。しかし、雲が発達すればその下ですぐに雨が強まるかというと必ずしもそうではないところが雨の科学の面白いところでもあり、難しいところです。先にも述べたように、雲ができてから（雲粒ができてから）雨が降る

（雨粒ができる）までには時間がかかります。実のところ、地形効果による降雨の増幅や地形性豪雨の形成において上陸する積乱雲に何が起こっているのかについては研究も少なく、まだまだ分からないことが多いのです。最後に、尾鷲地方でなされた数少ない観測例を紹介しましょう。

何度も述べますが、尾鷲地方は局地的な降雨も起こりやすく、また地形性豪雨も起こりやすいところです。紀勢本線に乗る人は、それまで空が晴れていても尾鷲に近づくと雲に覆われ、雨が降り始め、尾鷲を離れると再び空が晴れてくることをしばしば経験するはずです。これは、尾鷲が大台山系の南東側に位置するのみでなく、下層に東風か南東風が吹くと、周辺の地形の効果により尾鷲地方には周りから空気が集まりやすくなることにもよります。そのために尾鷲地方には局地的に雨が降りやすくなります。

その雨は、図10・4(a)のような層状性の雲というよりも、図10・4(c)のような対流性の雲の集団から降るものであり、尾鷲地方の場合は、それらの雲の雲頂は高さ3～5キロと、山系の頂上よりもずっと高いものです。そして、ミクロな物理過程とすれば、これらの雲からは効率よく主に暖かい雨の過程で雨が降ってきます。海上から移動してきた積乱雲が尾鷲地方に上陸して多量の雨を降らすのは、図10・4(e)に示すように、現象的には見かけ上このような局地的な雲群に積乱雲が突入していって起こしているということです。

〈積乱雲は上陸前後で変身する〉

これはかなり複雑な現象ですが、海上から移動してくる積乱雲は上陸に際し二段階の変質をしています。海から山岳に向かって下層で風が吹いている時は、山の斜面で上昇気流が生じると共に山岳という障害物があるために下層の風は陸に近づくに従って徐々に風速が落ちていきます。これは空気が収束することですので、山岳の風上側では海上でも全体として空気が上昇していることになります。尾鷲周辺のような特殊な地形の場合は、逆に陸から沖に向かう風が生じたりして、より局地的に空気が強く収束して空気が上昇するところができることがあります。

上陸する積乱雲の第一段階の変質は、山岳の風上側で海上の収束域に積乱雲が入った後に起こります。まず、収束域に入ると積乱雲は発達し、当然、雲内で雲粒も雨粒も増えます。それと共に、下層の風が遅くなることにより雲上部の雨粒は相対的に雲の前部に運ばれ、前方に落ちやすくなります。また、陸から逆に沖に向かう風が吹いてくるところなど、風の収束の強いところでは、積乱雲の前部に新しい雲、あるいは降水セルが形成されると考えられます。これらのことにより、全体として積乱雲内で急に雨粒が成長し、増え、また、それらが急激に落ちることになります。つまり、積乱雲からの雨は上陸前から急に強くなるわけです。一方、雲から多量の雨粒が落ちることは雲内の空気にとっては重荷がなくなることですから、特に雲の上部は再発達をします。

第二段階の変質は、主に沿岸部から山岳の斜面にかけて起こるものです。前述したように、対流性の雲が発生、発達するような状況下では、尾鷲周辺の山岳斜面から沿岸部にかけて、図10・4(c)のように、対流性の降水雲群が局地的に形成、維持されています。海上から移動してくる積乱雲は、この局地的に停滞している降水雲群の中に見かけ上は突入しますが、実際は、局地的な降水雲群が継続的にできるという状況が維持されているのであって、空気そのものは、海上から山岳を越えて吹く風と共に、降水雲群内をすり抜けているわけです。つまり、上陸する積乱雲は局地的な降水雲群に突入するのではなく、積乱雲の周りを吹く風によって上陸する積乱雲の周りにも降水雲群ができ続けるために、現象的には積乱雲が停滞している降水雲群内に突入するように見えているということです。

この第二段階の変質は、上陸した積乱雲とその周りの降水雲群との相互作用で起こる降水形成です。後者の雲群は積乱雲に比べて背の低いものです。この降水形成の様子は図10・5に模式的に示されています。両者の雲の中の水滴の混合が起こり、それぞれの雲だけでは雨粒になれなかった雲粒までが効果的に雨粒となり、あるいはすでにある雨粒に併合されて、雨となって地上に到達することができるようになります。

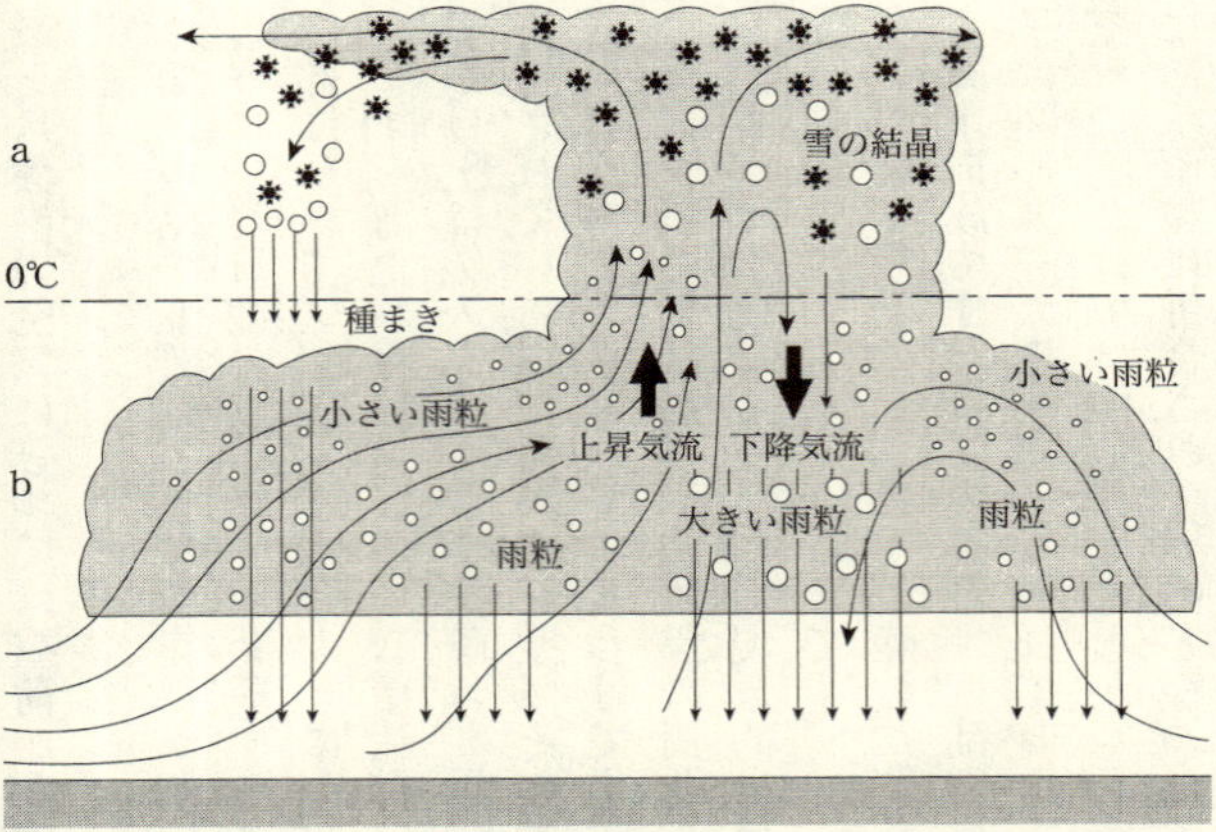

図10.5 地形効果による降雨の増幅の模式図 上陸した積乱雲（a）と地形の効果により局地的に形成された雲（b）の相互作用が起こっている

また、上陸前に再発達した積乱雲上部からも降水粒子が背の低い降水雲群内に落下していき、図10・4(b)とは少し違いますが、シーダー・フィーダー・システム的な降雨形成も起こります。さらに、観測事実によると、移動してきた積乱雲は上陸後動きが遅くなり、長い時間沿岸部から山岳斜面にかけて滞在しているようです。このような過程の総合的な結果として、上陸した積乱雲は効率よく多量の雨を局地的にもたらすことができるというわけです。第2章の図2・3に示された雨粒の粒径分布の変化は、図10・3の豪雨において、停滞する背の低い降水雲群からの雨粒と上陸し通過していく積乱雲からの雨粒が尾鷲で交互に示した粒径分布です。

積乱雲が上陸する際に見られる降雨の増幅では、少なくとも、上述した二段階の変質による降雨の強化と集中が起こっていると考えられます。図10・2(a)、図10・3に示した地形性豪雨においても、このような積乱雲の変質がかなり寄与していたものと考えられます。しかし、降雨の増幅や地形性豪雨の形成における地形の働きは複雑で、これまで述べてきた以外にもいろいろなことが起こっています。また、降雨の強化、集中に対する地形の効果は、日本列島の山系に直接ぶつかることが多い南東風に比べて、南西風が吹く場合の方がより複雑であることが予想されます。日本周辺では、台風や低気圧が日本列島の南にある時を除いて、梅雨期、秋霖期などの暖候期では下層に南西風が卓越する状況が一般的ですし、集中豪雨はしばしばそのような状況下で起こります。南西風が吹く時に起こる豪雨において地形がどのような働きをしているのかは、これからの研究でいろいろと明らかになっていくものと期待されます。

III　雨の気候学

日本にいるとなかなか実感できませんが、日本は雨や雪に大変恵まれた国です。雨や雪の降り方、あるいは降水量は、地球上各地で様々で、それらはまたそれぞれの地域の文化にかなり影響しています。実は、世界の中でも、日本人ほど傘とレインコートの両方を使用する国民はいないと思います。このような文化も日本の雨の降り方の特殊性によって培われてきたものです。

第11章　気候域と雨量

雨の降り方は地域によって違う

地球上、雨の降り方、降る量は地域によってさまざまです。地球全体で平均すると、1年間の降水量は、雪も含めて約1000ミリですが、地域によっては1分間に30ミリ以上、1日に約1500ミリの雨が降ることもあり、1年間に1ミリも雨が降らないところもあります。一方、大気中に存在する水蒸気の量は、断面積1平方センチの地表から対流圏上端までの鉛直の気柱内に地球全体で平均して約3グラムで、湿っている日本の夏でも5グラム程度です。このことは、自分の真上にある水蒸気が全部雨になって降ったとしても30ミリ位、せいぜい50ミリ位しか降らないことを意味しています。従って、ある地域で1時間に何十ミリもの雨が連続して降るためには、海面や陸面から蒸発した水蒸気が大気の流れと共に次々とその地域に供給されなければなりません。

地域によって雨の降り方、降水量が異なるのは、大気の流れによる水蒸気の供給のしかた、雨を降らす大気の擾乱や雲、そして雲核や氷晶核などが異なるからです。これらの違いにより、インドのチェラプンジのように1年間に2万ミリ以上の雨が降ることがあったり、南米チリのアリカのように14年以上も雨が降らないことがあったりするわけです。近年の人工衛星観測の進歩によって地球規模での雨の研究が可能になり、それぞれの地域の雨が地球規模の現象と関連して変動することが明らかになってきました。それと同時に、地球温暖化のような環境変化により、地球上の雨の降り方が大きく変わることが危惧されています。

雨の降り方は緯度によってかなり違う

地球上の各地域の雨の降り方など、気候の特徴は、主にその地域の緯度によりかなり決まってきます。それは大気の大規模な流れの特徴が緯度に大きく依存しているからです。地球全体で考えると、大気の上部に入ってくる太陽熱と、大気、大地、雲などにより大気の上部から宇宙に放出される熱は釣り合っているはずです。しかし、実際には、緯度40度辺りを境にして、赤道側では入ってくる放射熱が出ていく放射熱より多く、極側ではその逆ですから、赤道側の大気では熱が余る傾向にあり、極側の大気では熱が不足する傾向にあります。その不釣り合いをなくそうとして、大気と海洋は大規模な流れをつくり、熱を南北に運ぼうとしているわけです。この流れは地球の自転の影響も大きく受けています。

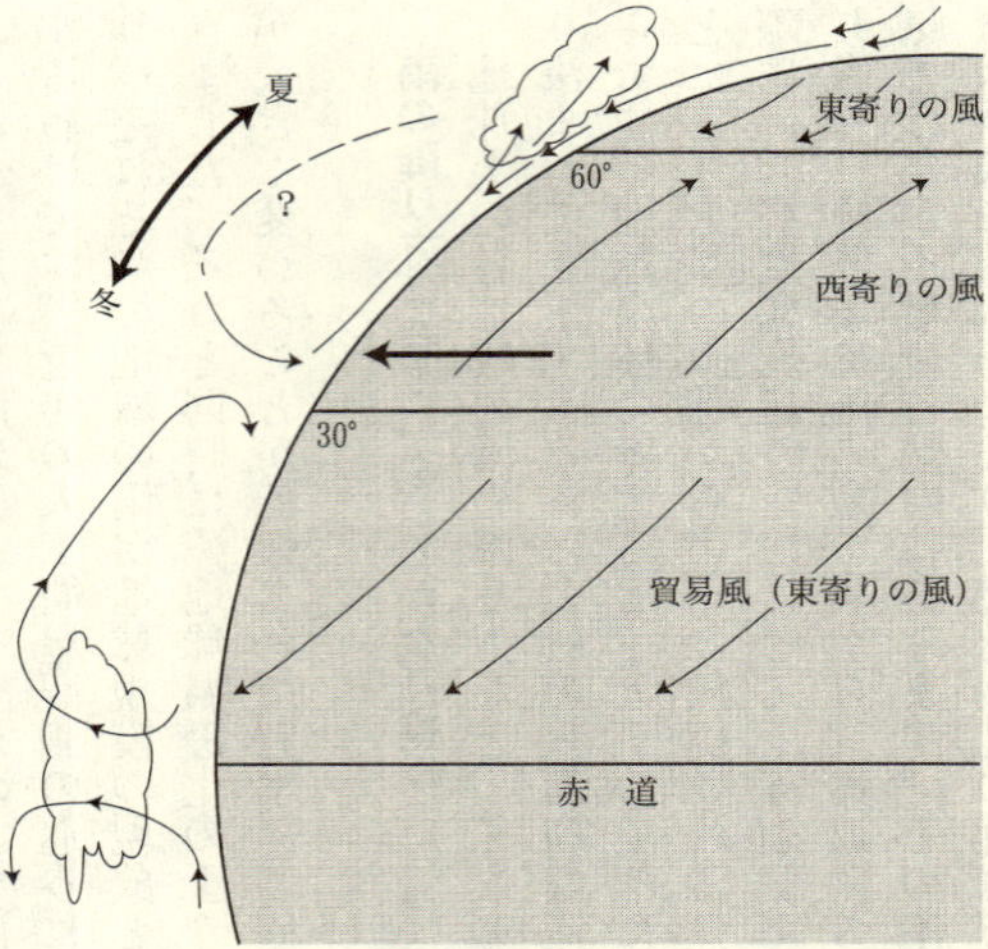

図11.1　地球上の主な気候帯と緯度帯の関係　気候帯は、北半球の夏季には全体として北へ、冬季には全体として南に移動する

図11・1は、そのようにして生じている大規模な大気の流れの特徴をおおざっぱに示しています。ただし、それぞれの緯度で大気の流れは東西方向に平均してあり、実際に吹いている風はより複雑です。まず、下層大気の流れは三つの特徴的な緯度帯に分かれます。低緯度帯では東寄りの風が卓越して吹いていて、これは貿易風とも呼ばれています。ハワイはこの貿易風帯の中に位置しています。また、中緯度帯では西寄りの風が卓越していて、偏西風帯とも呼ばれ、日本列島は大体こ

の中にあります。高緯度帯では再び東寄りの風が卓越しています。このような大規模な大気の流れが地球上の雨や雪の降り方の基本的な特徴をも決めているのです。

赤道付近は、下層で東寄りの風が北半球と南半球とからいつも吹いてきてぶつかるため積乱雲が非常に発達しやすく、対流性の強い雨が毎日のように降ります。熱帯収束帯とも呼ばれ、地球上で最も雨量の多いところです。中緯度の西寄りの風と高緯度の東寄りの風がぶつかる緯度帯もまた、雨、あるいは雪が降りやすいところですが、ここでは暖かい空気と冷たい空気がぶつかるため、前線や低気圧の活動が活発です。つまり、熱帯収束帯が積乱雲からの雨を主体とするのと違って、この緯度帯では対流性のみでなく、層状性の雲からの雨や雪が広域に降ることが大きな特徴です。中緯度収束帯、あるいは中緯度低圧帯ということができます。また、貿易風帯と偏西風帯の間の緯度帯は、上空から大規模に空気が沈降してきて下層で空気が発散していくところにあたり、雲ができにくく雨も非常に降りにくい緯度帯ということになります。高気圧に覆われることが多く、亜熱帯高圧帯と呼ばれます。

図11・1に示されている大気の流れは、太陽からの熱を大気内で再配分するために生じているものですから、季節による太陽高度の変化に応じて南北に移動します。つまり、北半球の夏季には図のような大気の流れが全体として北に移動し、冬季には全体として南に移動することになります。大気の流れのこのような南北への移動の影響

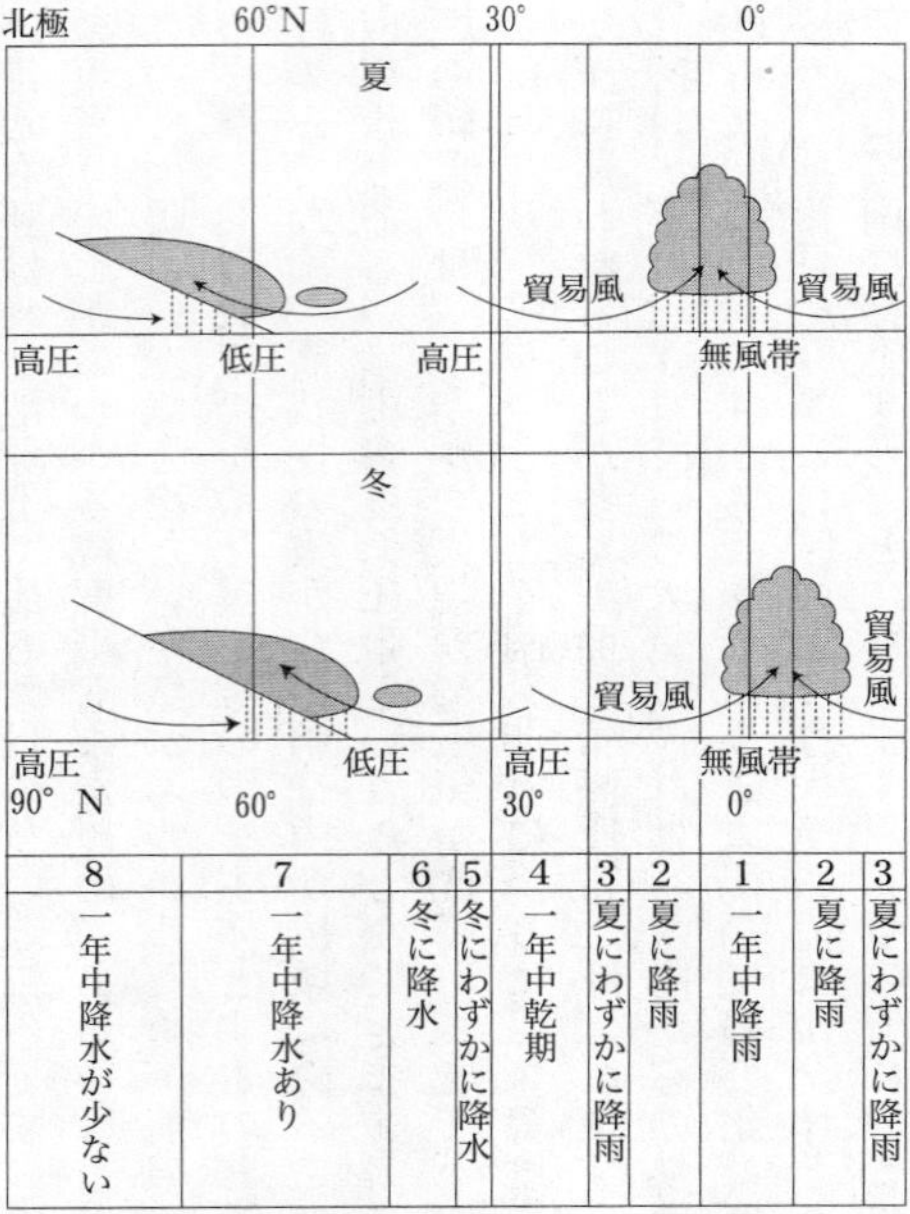

8	7	6	5	4	3	2	1	2	3
一年中降水が少ない	一年中降水あり	冬に降水	冬にわずかに降水	一年中乾期	夏にわずかに降雨	夏に降雨	一年中降雨	夏に降雨	夏にわずかに降雨

図11.2　各緯度帯の降水の特徴と気候帯の季節移動
トレワルサ（1968）による

を受けて、各緯度帯の雨や雪の降り方も大きく季節変化をするわけです。その様子は図11・2に模式的に示されています。また、各緯度帯で東西方向に平均した年降水量も図11・3に示してあります。

まず、赤道付近の緯度帯は、大気の流れの南北移動にもかかわらず、一年中熱帯収束帯の影響下にあり、1年を通じて毎日のように雨が降り、年降水量も大変多い緯度帯です。熱帯湿潤気候域と呼ばれています。この緯度帯の少し高緯度側では、夏季に熱帯収束帯の中にあっても、冬季には亜熱帯高圧帯の影響下に入るため、雨季と乾季が明瞭に現れ、年降水量の90パーセント以上が雨期にもたらされます。熱帯乾湿気候域と呼ばれます。当然、一年中高圧帯の中に入っている緯度帯では年降水量が少なくなります。一方、1年を通じて低圧帯の影響下にある緯度帯は季節によらず降水があり、その年降水量も赤道付近に次いで大きい値を示します。そして、これら二つの緯度帯の間では、冬季に低圧帯の影響を受けて降水があるということになります。日本列島の緯度は北緯25～45度ですから、緯度帯としてはほとんどが亜熱帯高圧帯の中にあり、本来、降水量は少なく、列島の北部が冬季に低圧帯の影響下に入るため、冬季に降水（おそらく降雪）が少しある程度のはずです。しかし、実際には日本の平均年降水量は1700ミリと多く、赤道付近なみの量の降水がもたらされています。日本

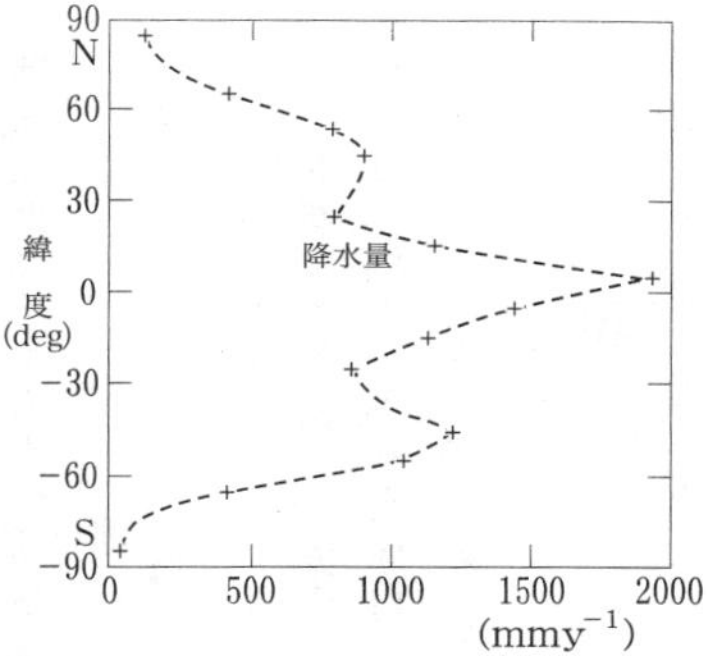

図11.3　平均年降水量の緯度分布　各緯度帯の降水量は東西方向に平均してある。セラーズ（1965）による

の降水は地球上でも大変特殊なものなのです。

熱帯域の降雨

熱帯収束帯の降雨の一つの特徴は、大気の下層にいつも湿潤な空気があり、ちょっとした刺激でも積乱雲が発達し、毎日のようにシャワー性の降雨があることです。このことは、熱帯の国々を旅行した人がすぐに経験することです。面白いことは、それほど雨が降ることが多いのにもかかわらず、雨の中を傘をさして歩いている人は、日本ほどには多くないことです。それは、傘をさして歩くには雨が強すぎるのと、どこかでしばらく雨宿りしていればすむほどに強い雨は短時間しか続かないということです。日本では、ある程度強い雨が数時間続くことがあるために傘が必要ですし、一方、比較的弱い雨が10時間以上も降るためレインコートが必要ですが、レインコートだけですむほど雨は弱くはなく、傘も必要というわけです。

熱帯収束帯の影響を受ける熱帯湿潤気候域、熱帯乾湿気候域の降雨のもう一つの特徴は、1日以上の時間に驚くほどに多量の雨がもたらされることがあることです。図11・4には、各時間帯の雨量の世界記録が示されていますが、1日以上の時間帯での雨量の世界記録は全て上記の二つの気候域、つまり熱帯域で記録されています。例えば、インド洋のレユニオン島では1日に1870ミリもの雨が降りましたし、インド

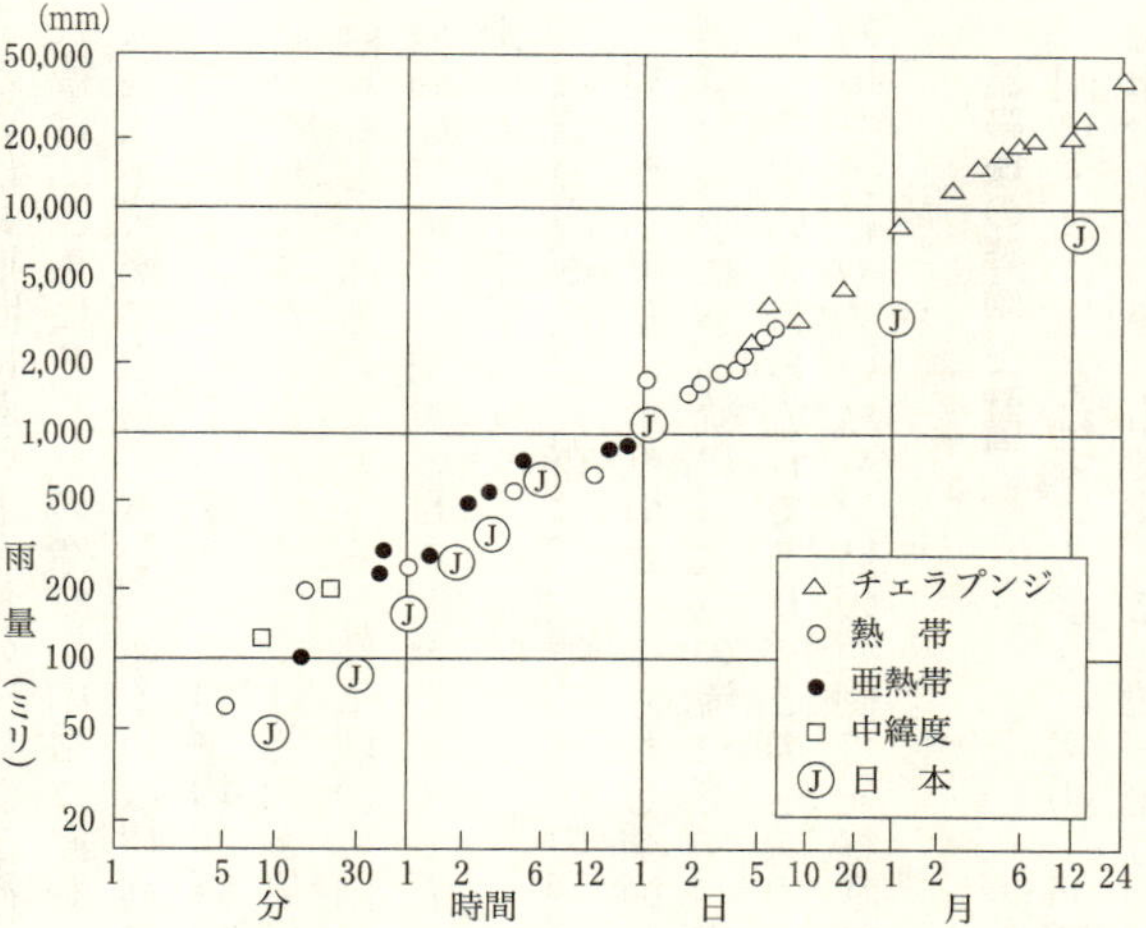

図11.4　各時間帯の雨量の世界記録値と日本の記録値　1時間から1日の時間帯の日本の記録値は世界の記録値に近い。二宮・秋山(1978) による

のチェラプンジでは1年間に2万6470ミリもの雨が降ったことがあります。また、熱帯域にある山岳の風上側では1万ミリ以上の年降水量がよく観測されます。1年に1万ミリという雨量は、日雨量30ミリの降雨が1年間続くようなものですから、大変な量です。

雨をもたらす大気擾乱の代表である低気圧は、多くの場合、停滞せずに通過していくものですから、一つの低気圧が1日以上にわたって多量の雨を降らせ続けることはあまりありません。長い時間帯、あるいは長期間にわたる多量の雨は、湿潤な空気が大規模な大気の流れにより供給され続け、さらにそれらの空気が山岳に向かって長い間吹き続ける中で、雨を降らす大気擾乱が頻繁に通過するか、あるいは特別に長い間停滞するかしてはじめて起こることです。インドのチェラプンジの平均年降雨量は約1万1000ミリで、これも驚くような量ですが、さらにそこではその2倍以上の2万6000ミリもの雨が1年間に降ることがあるのですから、熱帯域の降雨には驚かされます。もっとも、宮崎のえびの高原では年降雨量の日本記録として1万ミリ近い雨が降ったのですから、日本の降雨にも驚かされます。

実際の降雨量の分布は、大陸の存在の影響を大きく受けます。特に、大陸と海洋の大規模な温度差により引き起こされる季節風は、夏季のアジアでは海洋から大量の水蒸気を大陸に運び続ける大気の流れです。東南アジアでは南西季節風が最も雨をもたらしやすい大気の流れであり、この地域の年降雨量の大きな値は、南西季節風が地形効果を受けやすい島や半島の西側で記録されています。

温帯域の降雨、降雪

図11・3に示されているように、40～55度の緯度帯は東西方向に平均しても平均年降水量の多い緯度帯です。この緯度帯は、ほぼ一年中低圧帯の中にあるために温帯低

気圧の活動の影響を受けやすく、降雨、降雪がしばしば起こります。北米、ヨーロッパ、東アジアのかなりの部分がこの緯度帯に属し、北米西岸のシアトル、あるいは日本の北海道もこの緯度帯にあります。

実は、温帯低気圧の存在は、地球大気の大規模な流れにおける最も大きな特徴の一つなのです。北半球において低気圧の東側を中心として吹く南寄りの風は暖かい空気を高緯度側に送り込み、西側を中心に吹く北寄りの風は冷たい空気を低緯度側に送り込んでいます。前述したように、緯度40度あたりを境にして、低緯度側（赤道側）では大気内の熱は余っていき、高緯度側（極側）では熱は不足していきます。中緯度帯は、そのような熱の不釣り合いを大気の流れによる熱の南北輸送により最も活発に解消しようとしているところであり、それを効率的に行っているのが温帯低気圧であるということができます。

温帯低気圧内の主要な降水は、層状性の雲から広域に降る雨か雪ですが、図11・4からも分かるように、1時間以下の時間帯の雨量の世界記録は温帯の地域で記録されていることは注目すべきことです。1時間以下の時間帯での強い雨、あるいは多量の雨は積乱雲によりもたらされるものですが、低気圧周辺の寒冷前線などでは暖かい空気と冷たい空気がぶつかるため、大気の成層とすれば熱帯収束帯よりもむしろ不安定であり、積乱雲がしばしば非常に発達するわけです。

温帯低気圧は西から東に移動するため、低気圧によってもたらされる降水の量は、大陸内の位置によりかなり異なります。どの大陸も、西岸付近では低気圧が海洋上で多量の水蒸気を供給されて上陸するため、もたらされる降水の量も多くなります。温帯海洋性気候域と呼ばれ、当然、冬季には多量の降雪がもたらされます。地球上の多雪地域である北米オレゴンのカスケード山脈、ブリティッシュコロンビアのコースト山脈、南米アンデスなどの西斜面はいずれも大陸西岸にあり、気候的にはこの温帯海洋性気候域にあります。それに対して温帯大陸性気候域と呼ばれる大陸東部では、通過する低気圧内の水蒸気が少なくなっているため、一般に降雨量も降雪量もそれほど多くありません。北海道はユーラシア大陸の東部にあり、気候的には温帯大陸性気候域に属することになるのですが、大気に熱と水蒸気を大量に供給する暖かい日本海の存在のために、この気候域としては異例なほど降雪量が多くなっていることも面白いことです。

第12章　亜熱帯域の降雨

北緯35度線周辺の雨

日本列島は大体北緯25度から45度の間にあり、気候帯としては亜熱帯から温帯にかけて位置しています。図11・2に示されていたように、地球全体で平均してみるとこの緯度帯のほとんどが一年中高圧帯にあり、降雨は少なく、わずかに北の部分が冬季に低圧帯に入り降水がみられます。地図でみるとよく分かるように、北半球の砂漠のかなりの部分がこの緯度帯の中にあります。このような緯度帯にありながら、日本の平均年降水量が1700ミリであるということは大変不思議なことです。

日本列島の中央は北緯35度あたりですので、この緯度周辺の雨の降り方を地球全体でみてみます。図12・1は、北緯32~38度の間にある観測点について、一九六一年から一九九〇年までの30年間に平均された年降水量を示しています。テレビでもしばしば放映されてきたアフガニスタンのカブール、イラクのバグダッドもこの緯度帯に属しています。戦争の痛ましい映像と共に、雨量の少ないこれらの地域に住む人々の生活ぶりも印象に残っていることと思います。東経5度あたりにあるアルジェリアのビスクラでは平均年降雨量はわずかに21・9ミリです。それに対して、東経130度にある福岡市の平均年降水量は約1600ミリに達し、図12・1に示されている観測点の中では最大の年降水量を記録しています。同じ太平洋沿岸でも北米のサンディエゴの平均年降雨量は252ミリしかありません。亜熱帯の同じ緯度帯にありながら、地域によって雨量がさまざまであることがよく分かります。

亜熱帯湿潤気候域

図12・1の大きな特徴の一つは、ユーラシア大陸の東岸付近、つまり日本周辺と北米大陸の東岸付近で降雨量がかなり大きいことです。亜熱帯高圧帯にありながら、なぜこのようなことが起こるのかは図12・2に模式的に示されています。実は、亜熱帯高圧帯といっても、どこでも図11・2のような状態になっているわけではないのです。天気図でよくみるように、亜熱帯高気圧は東西にベルト状にあるのではなく、太平洋高気圧、あるいは大西洋高気圧のように、等圧線が高気圧の中心を大きく取り巻く形で存在しています。そのために、これらの高気圧の東側部分では、高気圧から大規模に流れ出す気流が北西、北、あるいは北東からの風となり、西側部分では南東、南、あるいは南西からの風となります。このために日本列島では暖候期に南風や南西風が卓越しているわけです。

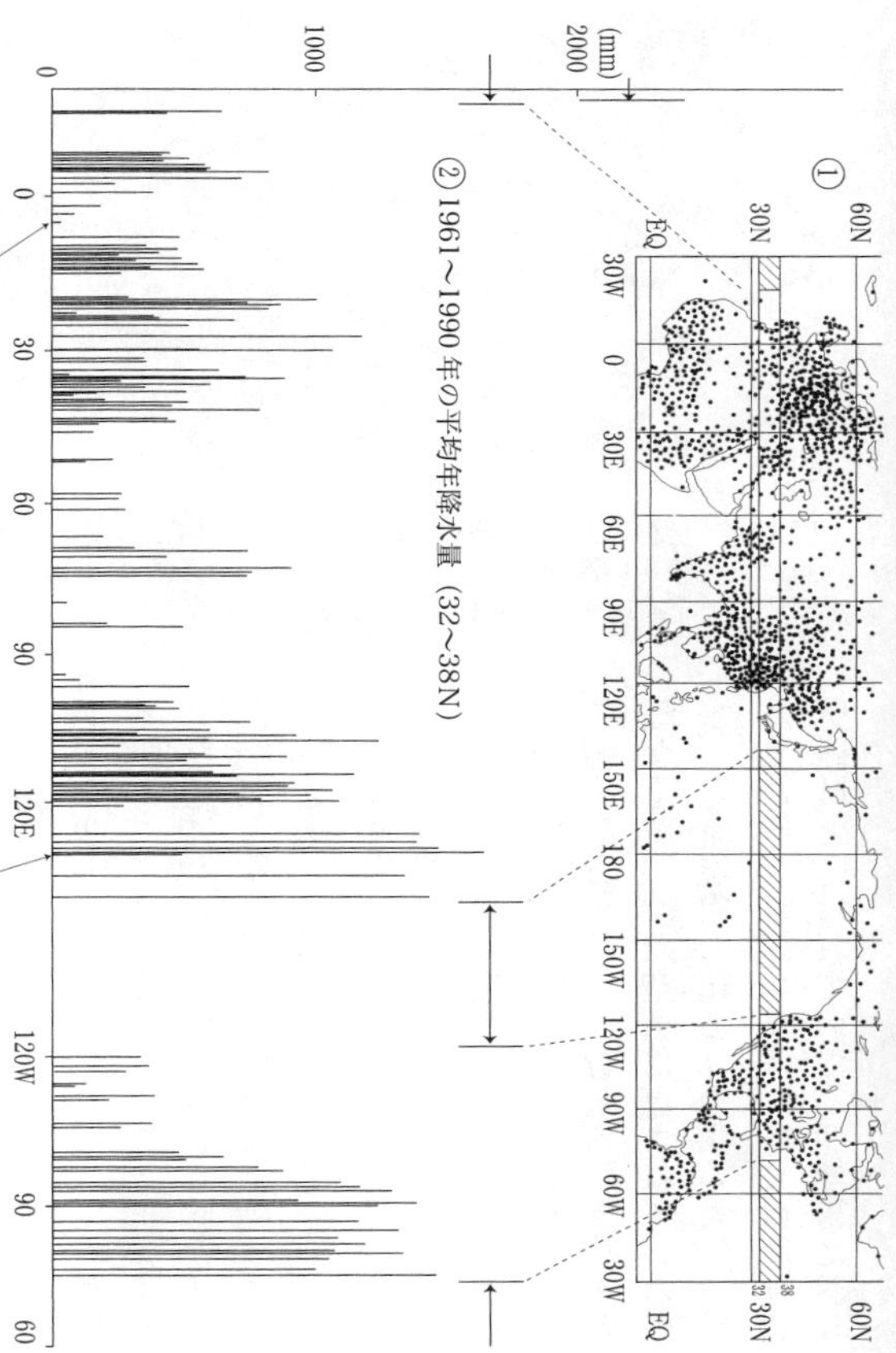

図12.1　北緯32度から38度までの緯度帯にある観測地点の平均年降水量　降水量は1961年から1990年までの30年間で平均されている

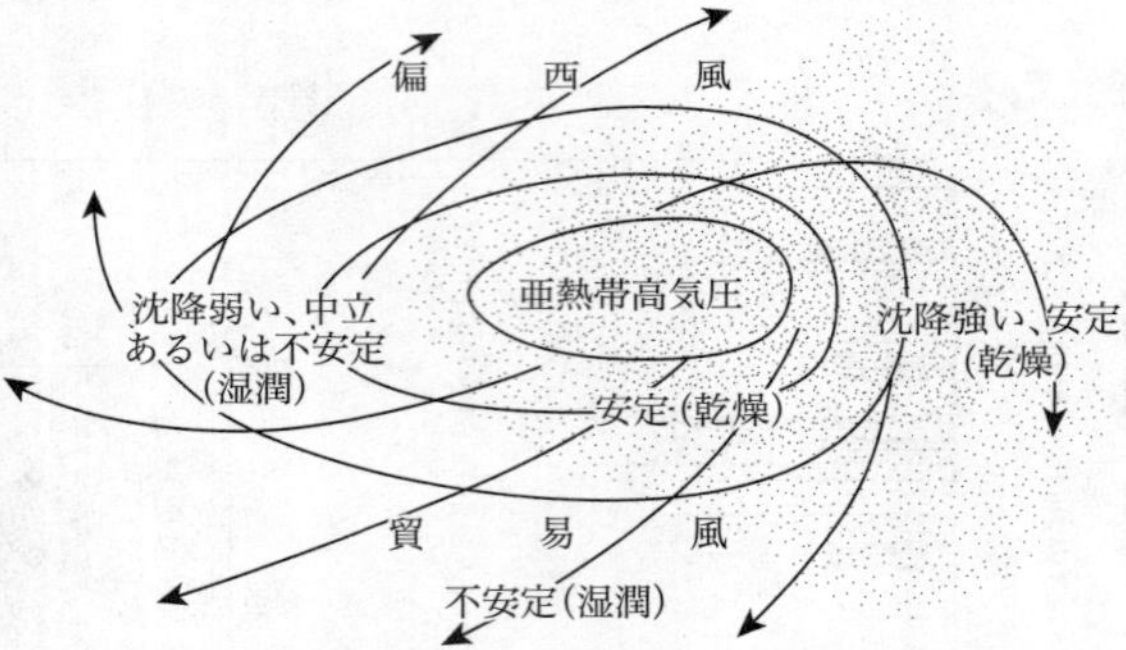

図12.2　亜熱帯高気圧周辺の気流　西側の南風、南東風は大陸の東にある暖かい海流の上を通過し、東側の北風、北東風は冷たい海流の上を通過する。トレワルサ（1968）による

大変興味深いことに、日本列島周辺の海には、南方から暖かい海流である黒潮が流れてきています。従って、太平洋高気圧の西側で吹く南風や南西風は、この暖流の上を吹いてくることによって海面から水蒸気と熱をたっぷりと供給され、暖かくて湿った空気となって日本列島に上陸することになります。この状況は、中国の東部、台湾、朝鮮半島などでも同じです。本来は、太平洋高気圧の影響下にあるために雨の降りにくい大気に覆われているはずなのに、これらの地域では、大陸の東側に流れている暖流のおかげで、むしろ降雨をもたらす暖かくて湿った空気に恵まれているわけです。対流現象も起こりやすい大気です。

これらの地域は気候学的には亜熱帯湿潤気候域と呼ばれていて、亜熱帯にありながら降雨の起こりやすい地域です。大西洋高気圧の西側にあたる北米大陸の東岸周辺にも暖かい海流であるメキシコ湾流が流れていて、やはり亜熱帯湿潤気候域になります。北半球のみでなく、南半球のアフリカ大陸、南米大陸、オーストラリア大陸の東岸にも同じような気候域が存在していて、いずれも降雨の起こりやすい地域になっています。ニュージーランドもこのような亜熱帯湿潤気候域に位置していて、雨の降り方は日本のものと似ているところがあります。

太平洋高気圧や大西洋高気圧の西側にある湿潤な地域と違って、カリフォルニアのように高気圧の東側にある大陸の西岸周辺では、高気圧の東側の北西風や北風が寒流の上を吹いてくることになり、夏季でも空気は涼しく、また乾いています。雨量も少ないわけです。冷たい寒流であるカリフォルニア海流のおかげで、先にあげたサンディエゴはこのような気候域にあり、アメリカでも有数の避暑地になっています。亜熱帯の中でもこのような状況にある地域は、北半球、南半球の大陸の西岸付近にみられ、気候学的には亜熱帯乾燥気候域と呼ばれていて、サンディエゴのように平均年降雨量は多くありません。このようにして、同じ亜熱帯高圧帯にありながら、図12・1のように、ある地域では雨がよく降り、ある地域では雨量が非常に少なくなることが起こるわけです。

メソスケールの降雨現象

ここでもう一度図11・4をみてみましょう。興味深いことは、1時間から1日位の間の時間帯における降雨量の世界記録は、亜熱帯で記録されることが多いことです。それらは全て亜熱帯湿潤気候域で観測されています。前にも述べましたように、1時間以下の短時間に記録される強い雨は、発達した積乱雲によりもたらされ、そのように非常に発達した積乱雲は熱帯、温帯でしばしばみられます。しかし、積乱雲がつくられ発達したことは、大気の下層が暖かく湿っていて上層が冷たいという対流が起こりやすい状態を解消したことを意味します。次々と積乱雲が発達するためには、大気成層の不安定さを維持できるように、下層に暖かくて湿った空気、中層、上層に冷たい空気が補給され続けることが必要です。1時間から1日の時間帯に多量の雨が降る現象のほとんどが、発達した積乱雲の集団が維持されることによりひき起こされています。

つまり、数十キロから数百キロの大きさであるメソ・ベータスケールの積乱雲の集団がつくられ発達するのは、主に亜熱帯湿潤気候域であり、そのような降雨現象がよく起こり発達することが亜熱帯湿潤気候域の特徴であるということです。しかし、図11・4に見られるように、10分間に100ミリの雨を降らすほどの積乱雲があっても、1時間に600ミリもの雨をもたらす積乱雲、あるいは積乱雲群はつくられず、1時間に250ミリの雨をもたらす積乱雲、あるいは積乱雲群が現れても、1日に6000ミリの雨をもたらす積乱雲群はつくられないということは、考えてみると不思議なことです。それぞれの時間帯における雨量の限界が地球大気としてどのようなことで決まっているのか、面白い問題です。

日本の降水の特徴

日本列島のかなりの部分が亜熱帯湿潤気候域にあるのですから、図11・4に示されていたように、日本でも1時間から1日の時間幅に多量の雨が降ることがよく起こり、それらの時間幅での日本記録は世界記録にも匹敵します。言い換えますと、1時間から1日の間に多量の雨がもたらされる現象、つまり集中豪雨がよく起こることは、地球上における日本の降雨の大きな特徴なのです。緯度的には亜熱帯高圧帯にあり、本来は降雨に恵まれないはずが、日本列島はユーラシア大陸の東岸付近、太平洋高気圧の西側にあり、周辺を黒潮が流れているおかげで、降雨に恵まれ集中豪雨もよく起こるのですから面白いものです。

梅雨期、秋霖期も含めて、暖候期には湿潤な南風や南西風が卓越して、積乱雲や積乱雲群、前線、低気圧により多量の雨が降ることに加えて、日本列島にはさらに毎年台風が襲来します。太平洋上には1年間に20〜30個の台風が発生しますが、そのうちの数個は日本に上陸するか、接近して、列島上各地に多量の雨をもたらします。その雨は台風のレインバンド、あるいは眼の周辺の積乱雲により直接もたらされる以外に、前述したように、多量の水蒸気が主に南東風により列島に送り込まれるため、地形性降雨としても多くの雨がもたらされます。日本で1日位の時間幅に記録的な雨が降る現象の多くは、台風の上陸、接近に伴って起こっているものです。日本の平均年降水量である1700ミリの1／3は、南西風が卓越する中で梅雨前線、秋雨前線、低気圧に伴いもたらされると言われていますが、台風もまた毎年平均して1／3の降水量をもたらすと言われています。台風はまさに日本列島の大切な水源なのです。

日本の降水の特異さは、冬季にも雪の形で多量の降水がもたらされることで、平均年降水量の1／3はこの降雪によるものです。日本の緯度帯で平野にも雪が多量に降るのは地球上で日本列島だけですし、豪雨も豪雪もよく起こるのは地球上で日本のみでしょう。降雪は太平洋沿岸を移動する低気圧によってももたらされ、しばしば東京などが大雪に見舞われますが、何と言っても日本の降雪の特徴は日本海側に降る雪です。「西高東低の冬型の気圧配置が強まり、冷たい北風や北西風が強まると多量の降雪がもたらされます」と日本では当たり前のように言いますが、この降雪現象は地球上で大変珍しい現象なのです。

実は、大陸から季節風として吹き出してくる寒気は、冷たければ冷たいほど空気の中に含まれている水蒸気は少なく、もたらされる雪は少なくなります。ところが、日本の場合は、暖かい海流が流れている日本海があるため、寒気は日本海上で多量の熱と水蒸気を供給されて列島に上陸します。しかも、海面が暖かいため、寒気が冷たいほど上下にひっくり返りやすい、つまり対流が発達しやすくなり、大気中の高いところまで雲の中に水蒸気、水、氷が貯えられるということになります。このように多量の水分を含んだ雲が上陸して列島の山岳にぶつかるのですから、日本海沿岸から山岳地帯にかけて沢山の雪が降るというわけです。吹いてくる寒気が冷たいほど多量の雪が降るという現象は、日本海沿岸以外では北米大陸の五大湖周辺ぐらいでしか起こりません。

〈危うい日本の水資産〉

このように、日本列島は太平洋高気圧の西側に位置すること、台風の通り道にあること、日本海が存在することという、奇跡的な条件が重なって熱帯なみの平均年降水量に恵まれているわけです。しかし、世界の中でも水の豊富な国というイメージは多くの日本人が持っているものですが、ここで一つ注目しなければいけないことがあります。確かに年降水量1700ミリは多いのですが、日本の人口が多いため、日本人一人あたりの降水量にすると、実は、世界の国々の中でもかなり下位にあたります。

その上、日本の山岳は急峻なため、列島上に降る雨はたちまちのうちに海に流れ出てしまい、有効には使われていません。年降水量のうち、海に流出する前に生活、農業、工業などの用水に使われているのは15パーセント以下にすぎません。そして、そのかなりの部分は冬季に山岳地帯に降った多量の雪が春先から融けて河川に流れ出してきた水なのです。

日本列島は、本来は降水量の少ない緯度帯にあるのに、奇跡的な条件が重なって降水に恵まれているということは、これらの条件が変化すると渇水にも見舞われやすいということを意味しています。現に、数年に一度は各地で渇水、水不足が生じます。今までのところは、決定的な事態になる前に、不思議なことに台風が近づいてきて列島に雨をもたらしてくれていて、人々は水不足になったことをすぐに忘れてしまいます。しかし、後にも述べるように、地球温暖化などの地球規模の環境の変化は、地球上の雨や雪の降り方を大きく変えることが危惧されています。日本列島の奇跡的な雨、雪の降り方も変わることが予想されます。日常生活における水の利用など、日本の文化は雨や雪に恵まれている中で培われてきたものですが、そのような状況にいつまでもあるというわけではないのです。

第13章　雨のテレコネクション

人工衛星による雨の観測

雨の科学において、近年明らかになってきた興味深いことは、それぞれの地域における降雨量の変動が地球規模の現象と関係していて、遠く離れた地域の降雨量の変動が互いに密接に関係していることです。しかし、一方では、降雨量の分布を地球規模で把握することは依然として非常に困難です。それは、海上には雨量計やレーダを設置することができず、島やその周辺を除いては海上の雨量を観測することができないためです。海上のみでなく、陸上でも砂漠などの僻地の雨量を観測するのによい手法がないのが現状です。今、最も期待されている観測手法は人工衛星からのものです。

人類最初の人工衛星は一九五七年に打ち上げられたソ連のスプートニクです。当時大学2年生であった私も、近所の草っぱらでその航跡を星夜にみて大いに感激していたものです。それから50年近くがたち、今ではテレビの画像で毎日誰もが地球規模で雲の分布の変化をみることができるようになりました。しかし、いくつかの静止衛星や軌道衛星により全地球の雲の分布を時々刻々把握できるようになってからまだ20年程度ですし、人工衛星により雨量を観測する方法にはいろいろと問題点があります。

それぞれの観測手法の詳細はここでは述べませんが、広く試みられてきた手法は背の高い積乱雲の群は多量の雨をもたらす傾向にあることを利用したものです。つまり、赤外線領域で雲が放射するエネルギーを測定して雲群の雲頂温度や雲頂高度を推定することにより、それらの雲群がもたらしている雨量を推定する手法です。しかし、実際には雲頂温度の低い層状性の雲に覆われている地域もあり、雲頂温度や雲頂高度のみで雨量を推定する方法は、一般的には誤差が大きくなります。原理的に有望な手法は、雲がマイクロ波領域（波長1ミリ〜1メートルの電波領域）で放射するエネルギーを測定する方法です。雲を構成する雲粒、雨粒がマイクロ波領域で放射するエネルギーはそれらの水滴の水の総量をよく反映することを利用するものです。雲内の液体の水の総量を推定することにより、雲がもたらす雨量を推定するわけですので、手法としては優れたものなのですが、大きな雨粒や降雪粒子が存在していると、それらの散乱効果により雲から放射されるマイクロ波エネルギーが減ってしまい、液体水の総量の評価に大きな誤差が生じてしまうという欠点があります。実際には、散乱効果が異なるいくつかの周波数のマイクロ波エネルギーを測定することによりこの欠点を補っています。むしろ、大きな問題点は、マイクロ波領域で雲が放射するエネルギーを測定する人工衛星の多くが、地球上のそれぞれの地域の上を時々（たとえば

1〜2週間に1回）しか通過しないということでしょう。

〈画期的な熱帯降雨観測衛星TRMM〉

いかなるものもさまざまな周波数で常にエネルギーを放射していますが、上記の二つの方法は、いずれも雲自らが赤外線、あるいはマイクロ波で放射しているエネルギーを人工衛星に搭載されているセンサーで測定し、雲から降る雨の量を推定するものです。より新しい手法として、人工衛星に搭載した降雨レーダから電波を発射し、雲内の降水粒子により反射されてくる電波をそのレーダで受信する方法があります。それは、日米科学協力の下で一九九七年に打ち上げられ、TRMM（熱帯降雨観測計画）と呼ばれている世界初のプロジェクトです（図13・1）。この手法は降雨量を人工衛星から直接観測するもので、大変優れた画期的なものですが、人工衛星の軌道とレーダビームの走査範囲の関係で、熱帯から亜熱帯の地域上の雲をせいぜい1日に数回程度観測するものです。TRMMは大変大がかりなプロジェ

図13.1　TRMM（熱帯降雨観測計画）の人工衛星

クトでした。技術開発、予算獲得も含めて、その推進には多くの人々の努力が必要でしたし、実現するまでにはかなり長い年月がかかりました。世界の気候に関する将来の研究計画を検討する会議に私が日本の代表で出席していた際も、実現に向けての日本の努力に対して出席者からの要求はかなり厳しいものでした。しかし、TRMMの成功のおかげで、これから類似の人工衛星を打ち上げることが計画されています。

これら3種類の方法は現在でも用いられているものです。しかし、どれもが、時間と空間共に激しく変化する降雨の量、あるいは、雲のタイプによって性質の異なる降雨の量を正しく推定するのに適しているものではありません。むしろ、さしわたし数百キロの領域の月雨量を推定するものとして優れており、実際にも、しばしばそのように利用されてきています。

異常多雨

先に述べた集中豪雨もまた異常な大気現象ですが、通常、異常気象というと猛暑、冷夏、異常な多雨、あるいは少雨のように、平年に比べて異常なことが起こることをさします。ここで平年とは過去30年間の状況をいいます。最近では、一九九八年の六〜八月に長江流域で起こった大雨が記憶にも新しいでしょう。図13・2からもわかるように、この異常多雨は過去50年来の出来事とも言われました。この年の長江流域

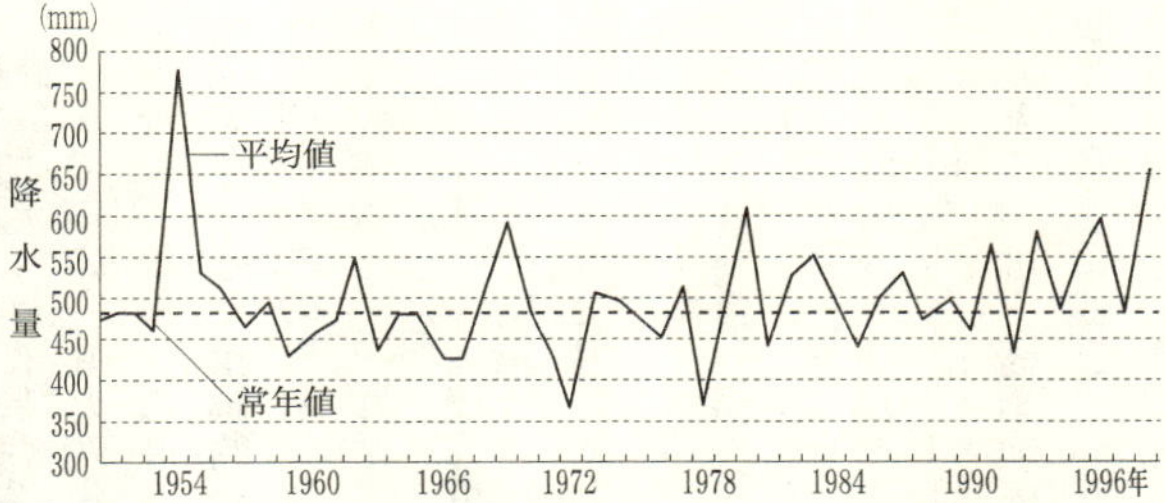

図13.2　長江流域にある86観測点の6～8月の平均降水量の経年変化

は、八月までの半年の雨量も大変多く、平年では1000ミリから1500ミリ程度であったのが、多いところでは雨量が2000ミリを超え、大洪水が生じました。

近年明らかにされてきたことは、このような異常多雨の現象が、その地域のみの現象でなく、かなり広域の現象の一環として起こっていることと、その原因を特定することは難しくとも、地球規模の現象と関係して起こっているらしいということです。一九九八年は、季節はずれの八月初旬に新潟地方にも多量の雨が降り、穀倉地帯に大きな洪水被害が生じています。実は、人工衛星データを調べると、多量の雨をもたらす背の高い雲群が長江流域で頻繁に現れた月は、新潟の北方海上にもそのような雲群が現れやすいことがわかります。一九九八年八月初旬は、そのような領域が新潟地方にかかることにより異常に多量の雨が降ったともみることができます。

日本で起こった異常多雨の事例として新しいものは、一九九三年六〜七月のものです。次の年の一九九四年の夏は大変な猛暑で、六月から九月にかけての雨量が全国的に少なく、農業への被害も大変大きいものでしたが、一九九三年の夏は冷夏であり、梅雨期を中心に全国的に大雨が記録され、九州などでは豪雨災害も起こりました。2年間続いたこの異常気象は非常に対照的なものです。例えば福岡市の六〜八月の雨量で比較すると、一九九三年は約1100ミリ、一九九四年は200ミリであり、2年間で5倍以上の差があります。なお、この期間の平年値は520ミリ程度ですから、一九九三年の雨量は平年値の2倍以上です。また、鹿児島では、六〜八月の雨量の平年値約920ミリに対して、一九九三年のこの期間には2500ミリの雨が降っています。

〈雲量や降雨量は偶数年と奇数年で変わる？〉

このように、一九九三年と一九九四年は異常な年だったのですが、この両年も含めて長期間の人工衛星データを調べると、大変興味深いことが分かってきます。図13・3は、日本列島周辺の月平均雲量を一九九三年と一九九四年とで比較したものです。一九九三年は、梅雨前線帯に対応して雲量7以上の雲帯が大陸から東シナ海を通り、日本列島上に伸びています。全天が雲で覆われた状態の雲量が10ですから、月平均で雲量7以上ということは一九九三年の七月の列島は毎日のように雲に覆われていたわ

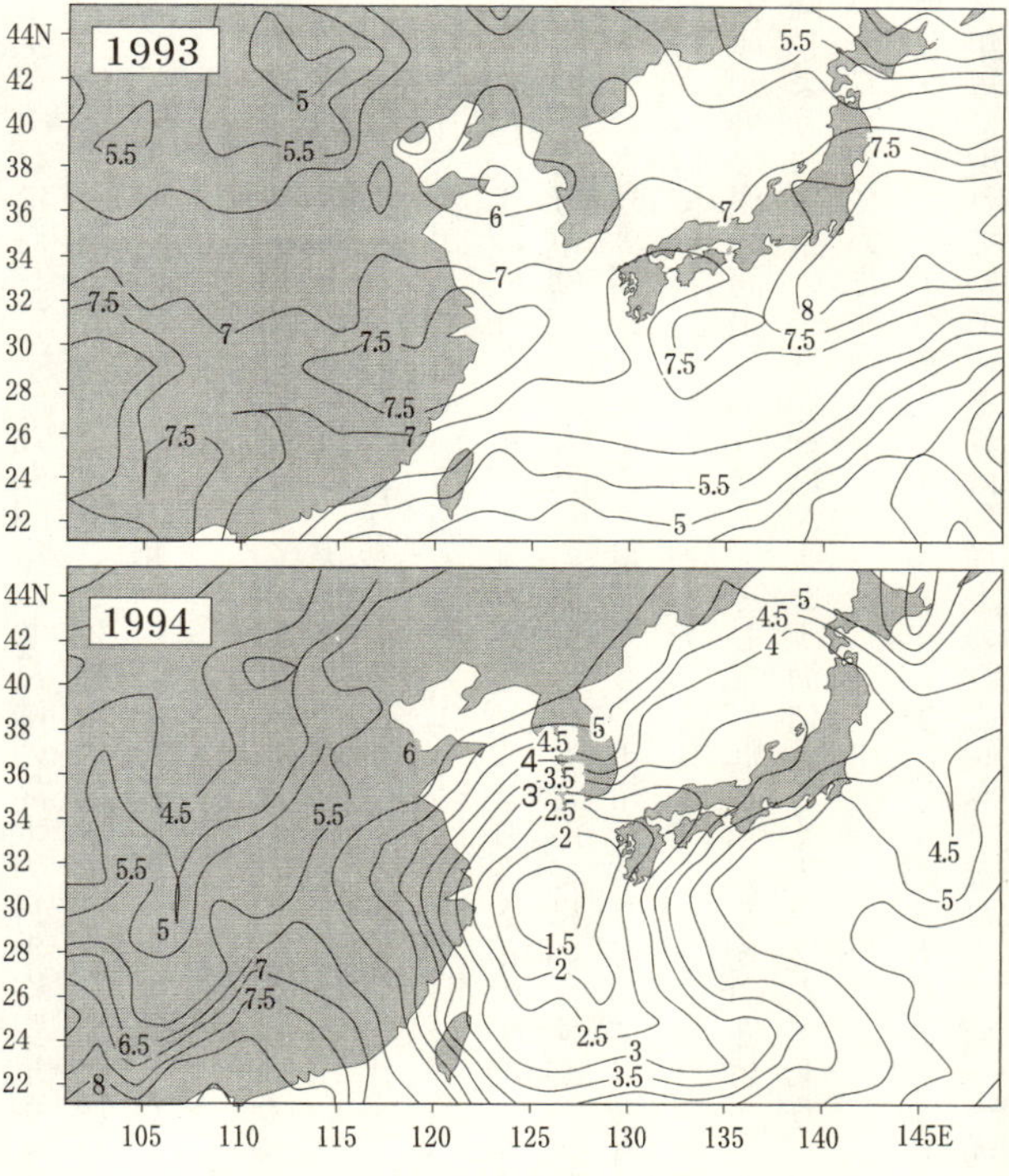

図13.3　1993年と1994年の７月の平均雲量の分布　日本列島は、1993年は冷夏、多雨であり、1994年は猛暑、少雨であった

けです。それに対して、一九九四年の七月は列島上の月平均雲量が4以下と大変低くなっています。特に、注目すべきことは東シナ海を中心に非常に雲量の小さい領域が広がっています。両年のこれらの傾向は、雨を多くもたらす雲の雲量である上層雲量についても同じです。

一九九三年と一九九四年の七月の雲量分布に見られたこのような違いが、この両年のみに特別に現れたかというと、実はそうではないところが面白いことです。図13・4(a)は一九八五年、一九八七年、一九八九年、一九九一年、一九九三年、一九九五年、つまり奇数年七月の平均上層雲量分布で、図13・4(b)は一九八六年、一九八八年、一九九〇年、一九九二年、一九九四年、つまり偶数年の平均上層雲量分布です。奇数年の平均分布は、一九九三年の雲量分布も含んではいますが、大陸から東シナ海を通って日本列島周辺にかけて雲量の大きい雲帯が伸びていて、一九九三年の分布と非常によく似ています。むしろ、平均分布と比べて、一九九三年は、最も雲量の大きい領域が列島南の海上にあります。そして、偶数年の平均分布は、一九九四年のものと同じように雲量の小さい領域が東シナ海に大きく入り込んでおり、日本列島も雲量が小さくなっています。

図13・4は、日本列島上で雨が多い年、少ない年が一九八七年から一九九五年の間は2年毎に現れていて、それは列島上のみの傾向ではなく、東シナ海から大陸にかけ

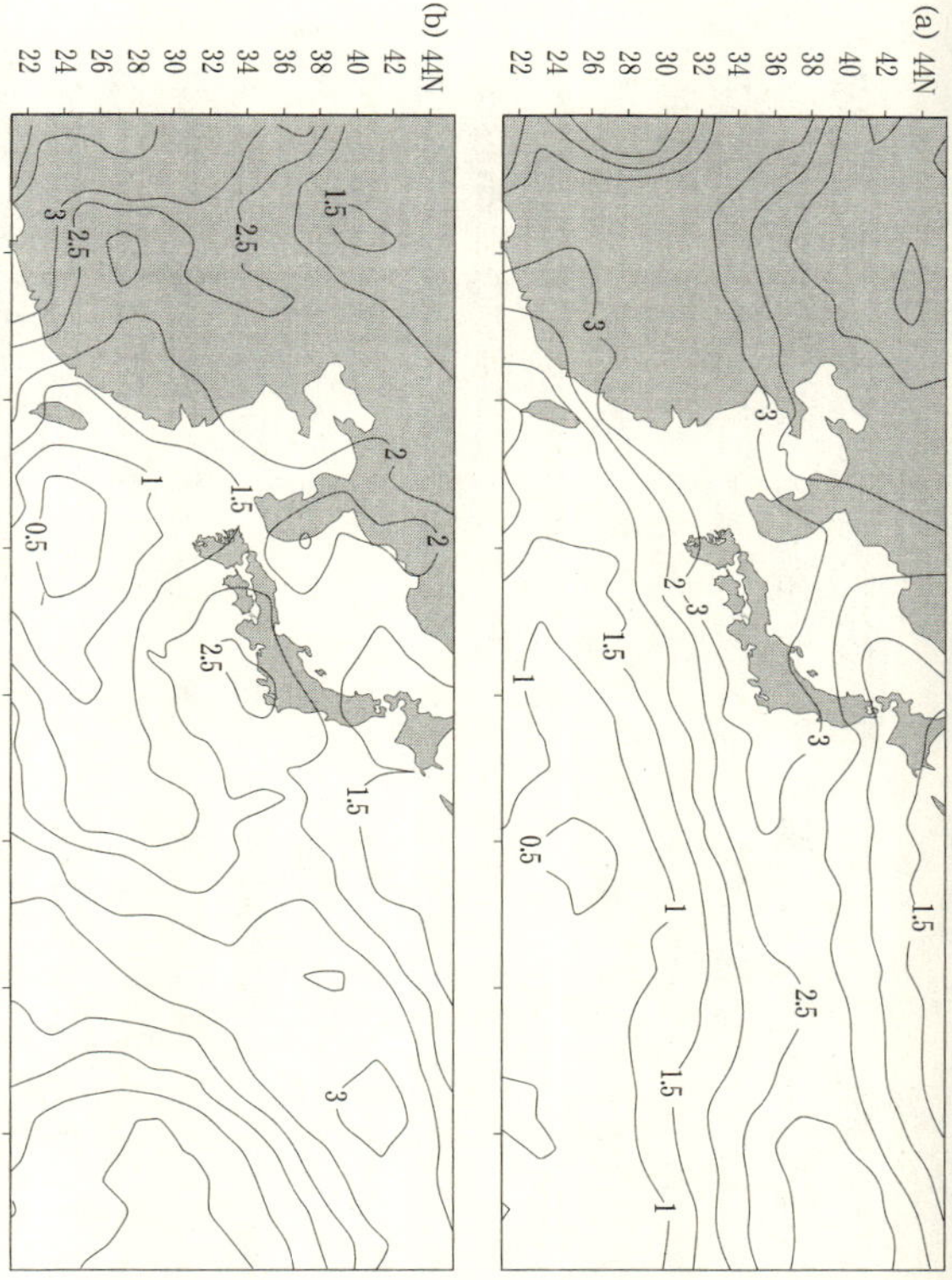

図13.4　(a)：奇数年（1985、1987、1989、1991、1993、1995年）と（b)：偶数年（1986、1988、1990、1992、1994年）の7月の平均上層雲量の分布

ても見られたということを示しています。一九九三年と一九九四年は、そのような傾向が雨量のより大きな変化として現れて、異常多雨、異常少雨の年になったということもできます。それでは、この2年間にはさらに何か特別なことが起こったのかということになりますが、それにはいくつかの可能性が指摘されてきました。面白いことに、その一つにフィリピンのピナツボ火山噴火の影響があります。ピナツボ火山が大噴火を起こしたのは一九九一年六月ですが、その時に大規模に成層圏にまで吹き上げられた火山灰、ガスが時間的に遅れて大気に様々な影響をもたらしたという考えです。図13・4に示される違いは必ずしも2年毎に現れるわけではなく、一九九五年以降になると、図13・4(a)、あるいは図13・4(b)のような年が3年毎に現れることもあり、2年、あるいは3年毎に現れる変化といった方が良いかもしれません。

このように規則的な列島周辺の月平均上層雲量分布の違い、つまり月平均雨量分布の違いがなぜ生じるのかは大変面白い問題ですが、明らかにすることはまだまだかなり難しいことです。現象論的には、七月に列島上で雲量が大きかった奇数年は、南方海上から列島に向かって多量の水蒸気が勢い良く流れ込んでいたのに対し、偶数年の七月には平均的に見て、そのような水蒸気の流れが列島南方海上にはみられず、北向きの大きな水蒸気の流れが、太平洋上でより東側、東経150度付近に現れています。もちろん、七月の平均的な水蒸気の流れに年によってこのような違いが生じるのは、主に太平洋高気圧の位置、強さが年毎に違うからなのです。しかし、七月の太平洋高気圧の平均的な位置や強さがなぜ2〜3年毎に大きく変わるのかというと、それは地球規模での大気、海洋の年毎の変化に対応しているのですが、そのような変化がなぜ現れるのかは今のところ明らかではありません。

テレコネクション

異常多雨、少雨といった異常気象をもたらす原因は決して一つではなく、様々なものが考えられますが、このような年々変動を地球規模でもたらすものとしてエルニーニョ現象がよく知られています。太平洋の赤道付近では、平年は、日射により温められた海水が東側から吹く貿易風により西側に貯められ、西側の海面水温が非常に高くなります。しかし、数年に一度、この状況が大きく崩れ、結果的に赤道太平洋の東側の南米ペルー沖で海面水温が平年よりも異常に高くなります。これがエルニーニョ現象です。このような現象は毎年クリスマスの頃に起こり、それはエルニーニョと呼ばれていますが、数年に一度、大規模なものが起こるというわけです。図13・5はエルニーニョが起こっている状況を模式的に示しています。

海面水温が非常に高い海域では沢山の積乱雲が勢い良く発達するため、その海域には多量の雨が恒常的に降ります。雨が降るということは、その分だけの水蒸気の潜熱

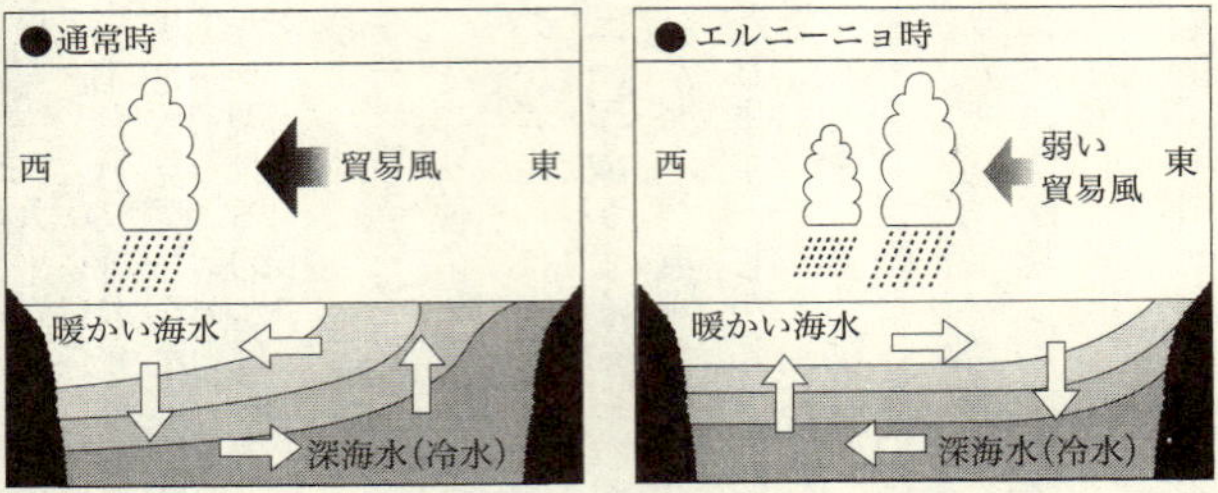

図13.5　熱帯太平洋域のエルニーニョ現象が起こった年と平年の状況の模式図

が大気に解放されて大気が暖まることを意味します。つまり、平年は、赤道太平洋の西側には、多量の雨が降る結果として大変大きな熱源が地球大気に存在していることになります。エルニーニョ現象が起こることは、この熱源が東側に大きくずれることでもありますので、大気の流れが平年とは大きく変わり、世界中に異常気象が生じるわけです。言い換えると、赤道太平洋の雨の降り方が大きく変わることにより、遠く離れた地域でも雨の降り方が大きく変わることになります。気象学では、数千キロ以上も遠く離れた2地点で、気圧や気温、降水量、海水温などの年平均からの偏差に正あるいは負の有意な相関が現れることを、テレコネクションと呼んでいますが、この場合には、雨のテレコネクションが生じているということになります。

例えば、エルニーニョ現象が起こると、インド、インドネシアでは夏期に異常少雨になったり、干ばつが発生し、平年は乾燥気味の南米ペルーで異常多雨になったりします。遠いアフリカ東部で大雨が降ることもあります。赤道太平洋西側にある大きな熱源が東側に移動するわけですから、当然、太平洋高気圧の位置、勢いも変わり、その影響で日本列島の雨の降り方も変わります。例えば、エルニーニョ現象の起こった年は梅雨明けが遅くなり、暖冬、冷夏にもなります。前述した西三河東濃地区豪雨などの一九七二年の七夕豪雨はエルニーニョ現象が起こった年に起こったものですし、大変大規模なエルニーニョ現象が起こった一九八二年と一九八三年には記録的な豪雨であった長崎豪雨と山陰豪雨が起こりました。一九八三年は暖冬、冷夏でもありました。

ただし、エルニーニョ現象は異常気象が起こる原因の一つにすぎませんし、数年に一度エルニーニョ現象が起こるという一種の規則性も近年は崩れているようです。先述の火山噴火をはじめ、地球大気の年々変化に異常をもたらす原因は他にいくつもあり、実際はそれらが組み合わさり、あるいは相互作用をした結果として、各地域の異常気象が生じていくのでしょう。気象、気候の年々変動を予測することは、現在の気象学の大きな目標の一つでもあります。

このように、雨のテレコネクションは異常多雨、少雨の一つの重要な特徴ですし、降雨の年々変動を研究、予測する上でも大切な現象です。しかし、何度も述べているように、地球上の雨量分布とその変化をいつも正しく把握することは、海上の雨量分布を観測するのに良い手段がないため、大変難しいことです。TRMM（熱帯降雨観測計画）の最大の目標は、このような研究、あるいは予測のために最も重要な赤道太平洋域の降雨量とその変化をできるだけ正しく観測することなのです。

〈インターネットとデータセット〉

おそらく、一つの手段のみで地球上の雨量分布とその変化を把握することは原理的に大変難しいことでしょう。そのこともあり、最近ＣＭＡＰ（Climate Prediction Center Merged Analysis of Precipitation）データという大変優れたデータセットが作られました。これは、５種類の人工衛星のデータと世界中の地上雨量計データを地球大気の数値モデルの助けも借りて融合させたもので、全地球で緯度、経度各２度の領域の月降水量が20年以上にわたって与えられています。長年、地球上の雨の研究に携わってきた者としては、信じられないくらいに素晴らしいデータセットです。インターネットを通じて誰もが自由に無料で利用できるのですから、今はすごい時代です。私がおりました研究室に新しく入ってきた大学院生のＨさんが、入学1年以内で地球上の雨のテレコネクションについて次々と興味深い解析結果を出してきたのには、びっくりすると共に、正直なところ大変羨ましくも感じたほどです。Ｈさんはそれらの成果を学会にも発表していますが、その一例を図13・６に示しておきましょう。

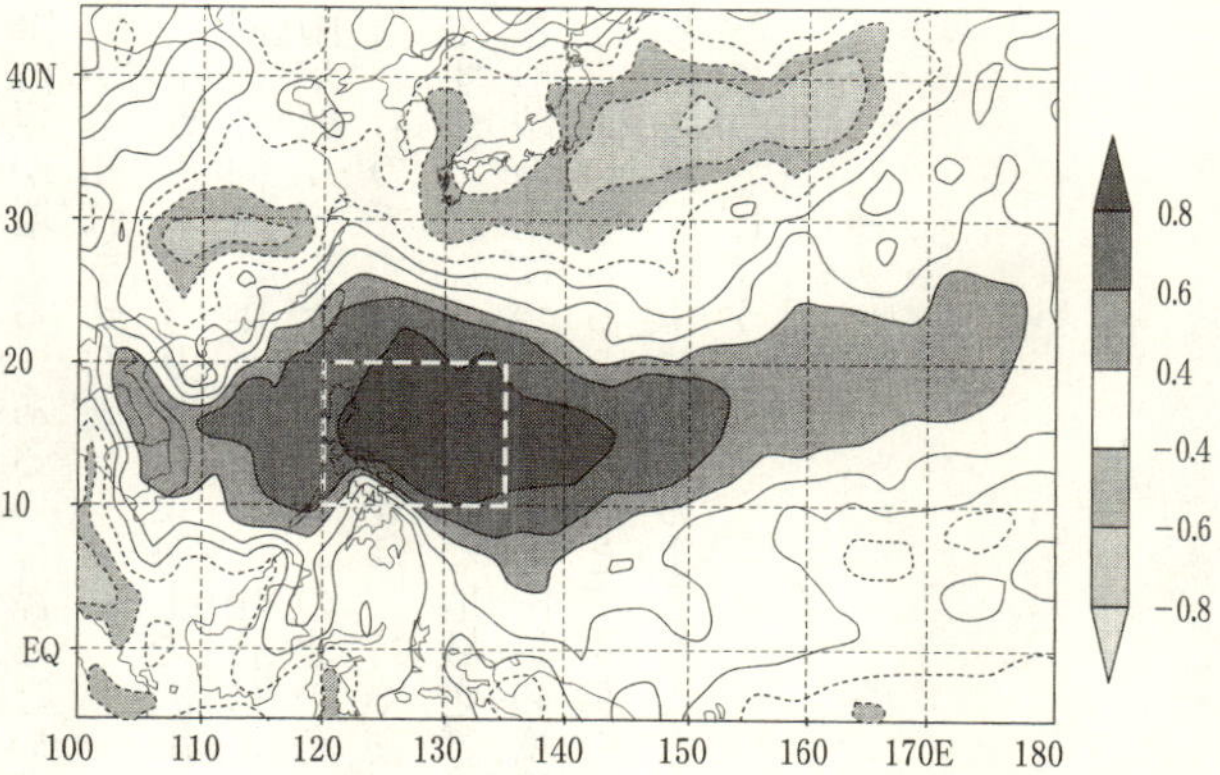

図13.6　フィリピン東海上（121-136E、11-21Nの領域）を基準とした６月から８月の３ヵ月平均降雨量の相関　月降水量としては1979年から1998年までの20年間のデータが使用されている

この図は、赤道太平洋の中でも大変雨量の多いフィリピン東海上の六月から八月の3ヵ月平均降雨量を基準として、それの増減と各地域の六月から八月の3ヵ月平均降雨量の増減との相関を調べたものです。相関係数が０・５以上である地域は、基準点であるフィリピン東海上の月降雨量が増えていれば（減っていれば）、その地域の雨量も同じように増えている（減っている）ことに、相関係数が-0.5以下であれば、全く逆に減っている（増えている）ことになります。どちらも雨のテレコネクションが非常に密接であることを意味しています。単純に、フィリピン東海上の月降雨量が多ければ、それが原因となってそれぞれの地域の月

降雨量が増える、あるいは減るというよりも、それらが同時に起こるといった方がよいかも知れません。

しかし、フィリピン東海上で沢山雨が降ると、遠く離れた長江流域、あるいはその周辺で同時に雨が減少し、場合によっては、日本列島の南方海上、あるいは列島上で雨が減り、またフィリピンの北の海上では雨量がかなり減ってしまうのですから、面白いものです。図13・6は、あくまでフィリピン東海上の月降雨量を基準にしたものですが、当然、いろいろな地域を基準にして調べることができます。自分が住んでいる地域の雨について、その雨量の増減が地球上の遠く離れたどこかの地域の雨と密接に関係しているということですから、わくわくするような話でもあります。技術の進歩により、いずれはこのようなこともリアルタイムで誰もが知ることができるようになるのでしょう。

第14章　雨の経年変化

地球温暖化

二酸化炭素など、大気中の温室効果ガスの増加による地球温暖化は、人間活動に伴う地球規模の環境変化という問題の中でも最も対応の難しいものです。おそらく、人類がこれまでぶつかってきた最も難しい問題と考えられます。異常気象をもたらすような気象、気候の年々変動の予測と共に、地球温暖化など今後数十年スケールで起こるであろう気象、気候の経年変化の予測は、世界中の関連研究者がチャレンジしている大きな問題です。また、ＩＰＣＣ（Intergovernmental Panel on Climate Change：気候変動に関する政府間パネル）では、各国の政策にも反映すべく、気候変動の予測と共に、その影響と対策もまた話し合われており、二〇〇一年には第３次報告書が発表されています。

まだ人々が実感するところまでには至っていませんが、地球温暖化に関連して最も恐ろしい問題の一つは、地球上の水循環の変化とその影響でしょう。簡単に言ってしまえば、地球上の雨や雪の降り方がこれまでとは大きく変わってしまうということです。現在、人間は地球規模の環境の変化を引き起こす力を持ち、一方ではそのような変化を人工衛星などにより監視もでき、また、コンピュータによりそのような変化を予測する力を持っています。人類の歴史の中でも現代は大変興味深い時代ですし、私たちがそのような時代に現に生きていることは大変不思議な気がします。

地球温暖化の予測において大切なことは、大気中の温室効果ガスがどのくらい増えていくのか、地球大気、特に地表近くの気温がどのくらい上がるのか、そして、地球温暖化の結果どの様な現象が起こるのかを、できる限り早期に、かつ正確に予測することです。大気中の二酸化炭素濃度については、氷床コアなど各種資料の解析により、過去50万年間においてこれほどまでに高くなったことはなかったということまでは分かっていますが、他の温室効果ガスであるメタン、亜酸化窒素、フロンなどについては、地球全体としての大気中の濃度が観測によりある程度分かるようになってからまだほんの数十年しかたっていません。大気中の温室効果ガスが今後どの位増えていきそうなのかを予測することは大変難しい問題です。何よりも難しいのは地球温暖化に伴う大気中の水蒸気量の増加の予測です。実は、水蒸気は大気の温室効果に対して大変寄与の大きいものなのです。

〈地球温暖化と雲〉

地球温暖化とは、地表付近の大気の温度が地球全体として上がることをさしていま

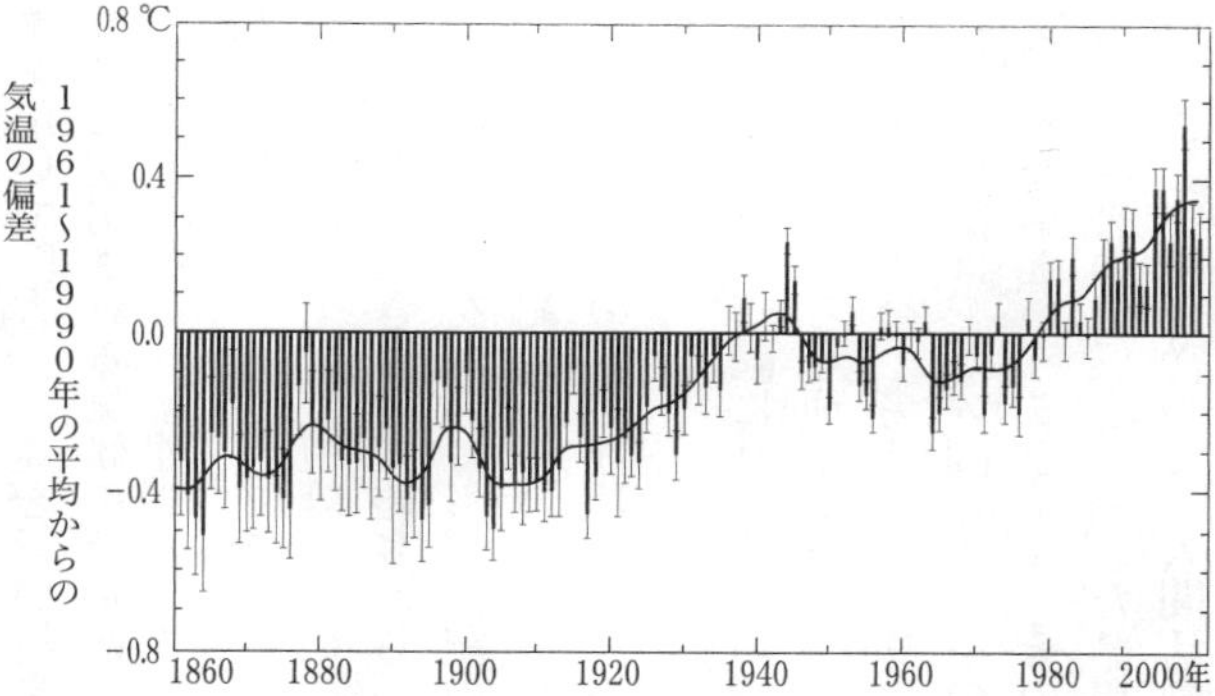

図14.1　地球全体で平均した地表気温の経年変化　各年の平均気温は1961年から1990年までの平均気温からの差で示されている。実線は10年移動平均値の変化。IPCC（2001）による

す。この１００年間に地球全体で平均した地表気温は約０・６度上昇しました(図14・1)。温暖化の怖いことは、温度の上昇の大きさそのものではなく、その変化の速さです。１００年間に０・６度も地球全体の平均気温が上昇したことは、地球上の植物、動物がこれまでに経験してきていない速さで、その変化に対応するのはかなり難しいことです。なかでも過去20〜30年間の温暖化は激しく、１９９８年はこの１００年間で最も暖かかった年です。そして、今後１００年間に予測される温暖化は、２００１年のＩＰＣＣ報告書によると、１・４〜５・８度と言われています。これは非常に速い温暖化であることが分かると思います。

温暖化の将来予測は、高速コンピュー

タを用いて膨大な計算を行い将来の気候をシミュレートすることによりなされます。計算に使用される気候モデルは、基本的には地球全体の大気の変化をシミュレートする数値予報モデルと同じものですが、気候モデルの場合は、海面水温、大陸の雪氷面積、土壌水分、植生、その他、気候を決めると考えられる要素の変化も計算しないといけませんのでより複雑なものになります。第5章でも触れましたように、気候に対する影響の大きさ、複雑さからいって、中でも大変重要な要素は雲です。世界の優れた気候モデルを用いても、上記のようにモデルによって1・4度から5・8度までの差が温暖化予測にある理由の一つは、温室効果に雲がどの様な効果をもたらすのか、それぞれの型の雲が地球上でどの様に分布するのかをシミュレートする手法が若干異なるからです。

過去100年間に0・6度の温暖化があったのはなぜかということについては、もちろんいろいろな理由が考えられますが、このような気候モデルを用いて現在の気候を再現した場合、考えられる様々な原因を考慮しても、100年間に0・6度も温暖化した理由は、この間に大気中の温室効果ガスが人間活動により増加した以外には考えられないということです。その気候モデルを用いて、今後の温室効果ガスの増加を含めて将来の気候を予測した結果が、2100年までの温暖化は1・4〜5・8度ということです。従って、人間活動に伴う大気中の温室効果ガスの増加により地球温暖化が進むこと、しかもこれまでよりも激しく進むであろうことは、ほとんどの関連研究者が認めていることです。当然、温暖化予測と共に、気候モデルにより降水量の将来予測もなされています。

降水の経年変化

降水の将来予測の前に、まず、過去の降水の経年変化に触れることにしましょう。しかし、降水量の測定の歴史は浅く、また、海上での降水量の測定が難しいため、これまでの地球温暖化に対応して地球全体で降水量が増えてきたのかというと、観測データからはよく分かりません。むしろ、各地域の降水量の年々変化が大きいため、地球全体の降水量が年々変化する中で100年間に0・6度の温暖化に伴う降水量の経年変化を観測データから求めることは大変難しいといった方がよいかも知れません。

IPCCの第3次報告書でも世界のこれまでの降水量の経年変化がまとめられています。それによると、過去100年間の傾向として、北半球の中高緯度地域のほとんどの大陸、たとえばシベリア、カナダ、ヨーロッパなどで年降水量が5～10パーセント増えており、また熱帯地域においても年降水量が2～3パーセント増えています。一方、亜熱帯地域では年降水量は減少している傾向にあり、その値は2～3パーセントです。アフリカ地域でもかなり大きな年降水量の減少がみられ、それはこの地域の干ばつ、渇水の原因となっています。

降水の経年変化として、現在、人々が注目していることは、年降水量の増減というより、むしろ、降水の激しさの変化です。豪雨の規模、激しい豪雨の起こる頻度、あるいは激しい竜巻の起こる頻度などが増えている傾向にあるとも言われますし、また、干ばつ、渇水を引き起こす小雨も含めて、世界各地で異常気象が増えている傾向にあるとも言われています。実際に、世界全体として、非常に大規模な洪水や激しい渇水が頻繁に起こるようになり、被害もまた増加の傾向にあることが注目されています。今後予想される激しい温暖化が地球上の降水にどの様な変化をもたらすのかもまた、気候モデルによって予測されるわけですが、全地球で平均地表気温が上昇することに対応して地表からの年蒸発量が増え、それに伴って年降水量が増えると予測されています。図14・2は、大気中の二酸化炭素の濃度が現在に比べて2倍に増えた場合、全地球で平均した地表気温と年降水量がどの位増加するのかを予測したものです。気候モデルによってそれらの予測値が違いますが、興味深いことは、温暖化の程度を大きく予測しているモデルは年降水量の増加もより大きく予測していることです。当然の傾向とも言えますが、この図から、温暖化が激しいほど地球全体で年降水量の増加は大きいであろうと言うことができます。今後100年間に予測される地球温暖化は1・4～5・8度であると言っても、世界のどの地域でも同じように温暖化するわけではなく、温暖化が激しい地域とそうでない地域があります。つまり、暑いところとそうでないところの地域差が大きくなることになり、過去の降水の経年変化の傾向と同じように、激しい降水現象がより頻繁に起こるようになり、一方では異常に雨が少ないという現象もよく起こるようになると考えられます。激しい豪雨、洪水、干ばつ、渇水などによる災害も多くなるのでしょう。

〈日本の降水の経年変化〉

それでは日本列島ではどうかといいますと、基本的には上述の傾向と同じことが起

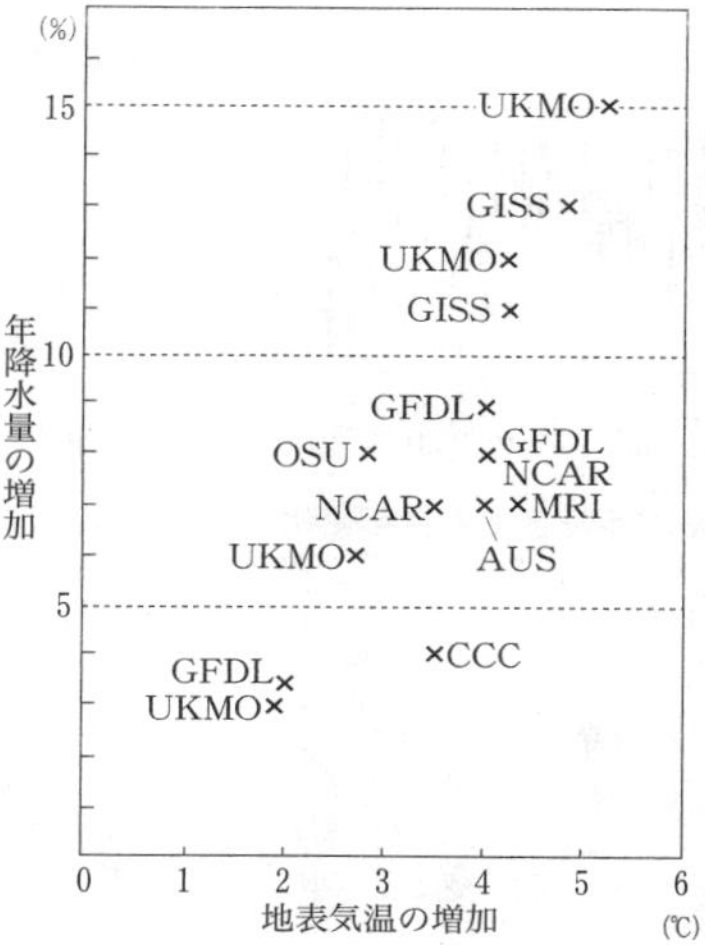

図14.2　大気中の二酸化炭素濃度が倍増した時に予想される全地球平均の地表気温の増加と年降水量の増加（%）　図中の文字は各気候モデルを走らせた研究機関を示す。IPCC（1990）による

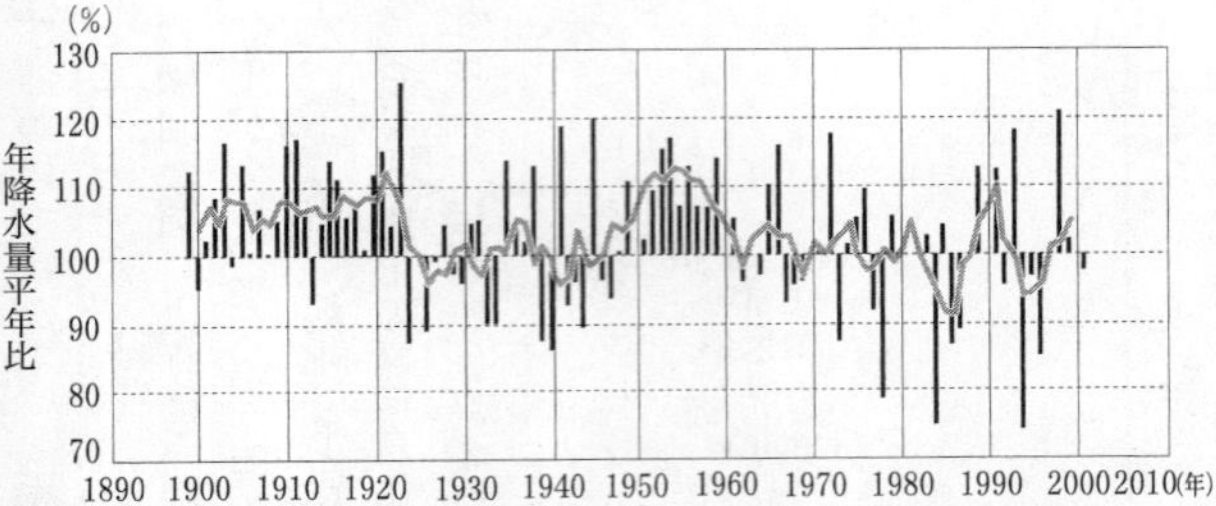

図14.3 日本国内51地点の平均年降水量の経年変化　降水量は1971年から2000年までの平均値との比で示されている。実線は５年移動平均の変化。気象庁（2001）による

こっているようです。全体として年降水量は減少する傾向にありますが、図14・3に示されているように、この１００年間の中でも激しい少雨の年が一九六〇年以降に多く現れており、その一方では年降水量の多い年は一九六〇年以降も同じように現れています。つまり、一九六〇年以降は年降水量の変動の幅が大きくなっている傾向にあります。また、世界の傾向と同じように、年降水量が増えていなくとも、激しい豪雨が起こる頻度が増えていると言われています。図14・4はそのような傾向を示している興味深い図です。これは、気象庁の全国55ヵ所の気象台、あるいは観測所について、この１００年間のそれぞれの地点の日雨量の第1位、第2位、第3位の記録値がどの時期に更新されたかを20年毎の期間で表現したものです。日雨量の記録値は１００年間の後半に更新されることが多くなっています。言い換えますと、

日雨量を更新するような激しい降雨は、日本全体として最近になるほど多く起こる傾向にあるということです。

もう一つ、日本の降水の経年変化として重要なことは、一九八〇年代の後半から日本海側の冬季の降水量、つまり、降雪量が減少していることです。これは、日本列島でも現れている温暖化の傾向が冬季の日本海側にも現れていて、第12章でも述べた日本海沿岸の降雪機構の特異さに関係して、温暖化のためにむしろ降雪量が減っているということです。大雪による災害は減るかも知れませんが、前にも述べたように、山岳地帯の降雪が日本の重要な水資源ですので、列島の降雪量が減ることは実は困ることでもあるのです。

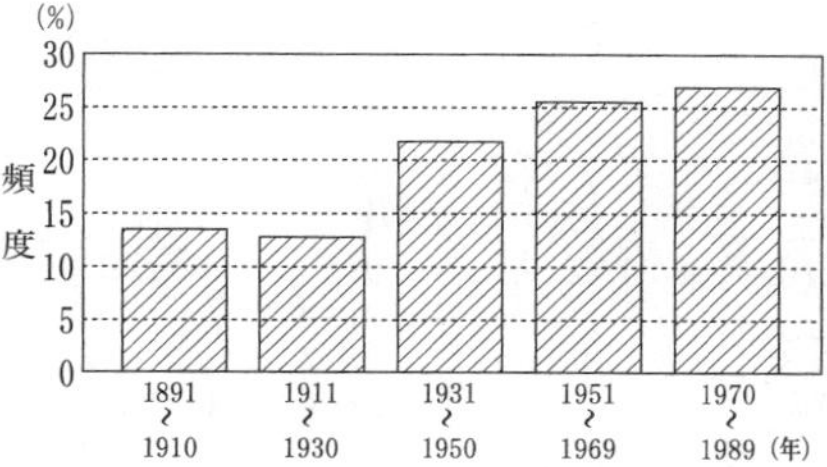

図14.4　日本の55気象観測点の各地点で日降水量の100年間の記録値（1位値、2位値、3位値）が更新された時期の頻度　頻度はそれぞれの記録値がどの20年間で更新されたかで示されている。山本（1993）による

第15章　水惑星の水問題

雨、あるいは雪が多量に降る地域がある一方、ほとんど降らない地域もあり、地球上の雨や雪は非常に不均一に分布しています。地球温暖化の影響として怖いことは、地球上の生態系の変化と共に水循環の大きな変化です。現在でもある水余りの地域と水不足の地域、つまり水の貧富の差がますます拡大することです。二〇二五年には世界の25億～40億人の人々が水不足になると言われています。この本では自然科学の立場から雨の様々な科学を述べてきましたが、地球上の雨の現在の降り方、将来に起こるその変化が引き起こす多くの水問題もまた重要な問題です。洪水、渇水などの災害は今後ますます激しくなると考えられていますし、これからは、地球全体として、雨や雪の利用も含めて、今まで以上に、降水との上手な付き合い方が必要になってくるでしょう。二一世紀は「環境の世紀」と言われますが、「水の世紀」とも言われています。

二〇〇三年三月に京都で世界水フォーラムが開催され、世界の各国から多くの人々が集まりました。これから生じる問題も含めて、ありとあらゆる水問題が話し合われ、新たな世界水ビジョンがまとめられました。第1回の世界水フォーラムは一九九七年にモロッコで開かれ、第2回がオランダのハーグで開かれました。今回のものは第3回のフォーラムでしたが、予想される気候変化に伴う水の貧富の差の拡大と水災害の激化、人間活動の増大に伴う水質汚染と水不足などは中心的な話題でした。

水惑星と言われるように、地球は水の豊富な星です。しかし、地球上の水のうち氷床・氷河以外の淡水はわずかに0・6〜0・8パーセントですし、そのほとんどが地下水ですので、人間が直接利用できる河川の水、湖沼の水などはせいぜい0・01パーセントにすぎません。そして、人間が用いる水のうち生活用水は15パーセントであり、70パーセントが農業用水です。1キロの穀物を作るのに水は1000キロ必要であり、1キロの牛肉を作り出すためには7キロの穀物が必要と言われています。

世界人口の急激な増加、大規模農法による近代農業、人間活動に伴う多量の化学物質の放出は、世界的に河川水、湖沼水などの大切な水源を減少させると共に、それらの水質を悪化させています。その結果、世界の水利用は大事な地下水にますます依存するようになってきています。地下水としての貯水には非常に長い年月が必要であるにもかかわらず、すでにアメリカ、中国、インドでは地下水の枯渇が起こっています。このような状況が現状であり、その傾向は今後ますますひどくなると考えられています。

日本でも状況は全く変わりません。むしろ、毎年、7億トンの物資を輸入する一方、輸出はわずかに1億トンというように、多くの物を外国に依存する国として問題はより深刻かも知れません。日本は、亜熱帯にありながら奇跡的なからくりにより、熱帯なみに多量の雨が降り、確かに水の豊富な国です。しかし、実は、一人あたりの降水の量は世界平均の25パーセントとむしろ少ない方です。そして、急峻な地形は降った雨をたちまちのうちに海へ流出させてしまいます。古来、日本では、森林、水田、ため池などの働きにより水の速やかな流出がやわらげられ、降った雨や雪は長い時間保持され、それらの水は上手に利用されてきました。それにもかかわらず、現在は、都市活動の増加に伴う地面の舗装、下水・排水の整備により、貴重な雨水はますます速やかに流出しています。

気候、人間活動などが現在と同じ状況で続くならば、日本全体としてはそれほど水は不足せず、これからも大きく不足することはないと考えられます。しかし、地球温暖化の影響で日本の貴重な水源である積雪が減少すると予想されますし、多量の水を列島にもたらす奇跡のような降水のからくりも、これからは変動が激しくなり、異常少雨も頻繁に起こることが危惧されます。前述したように、現に、近年は異常少雨の年が多く現れています。

世界有数の輸入国である日本は、食料自給率は約40パーセントと大変悪く、また使用する木材の7～8割は外国産のものを使っています。これらの状況は、農産物、工業製品、木材などの形で大量の水を輸入していることを意味します。その量は日本人全体が生活用水として用いている水の約1／3にもあたる量です。言い換えますと、日本列島そのものは水不足にならなくとも、今後予想される世界各地の水不足は、農産物や食糧の輸入、その他、さまざまな形で日本にかなりの影響を与えることが危惧されるわけです。

人間一人が1日に必要とする水の量は最低50リットルと言われています。それに対して、日本人は平均して一人あたり約３００リットルの水を1日に使っています。この水使用量は世界7位に当たります。日本には「湯水のように使う」という言葉がありますが、一方では、日本人は水を非常にうまく使ってきていました。しかし、第2次世界大戦後に日本で水洗トイレと下水道が普及したことをきっかけにして、水の貴重さに対する日本人の感覚が随分変わったようです。そして、水源の水質が悪くなるにつれてますます高価になった水道水を相変わらず豊かに使う一方、ペットボトルの水を料理などに使う人々も増えてきています。

その良し悪しは別として、トルコのように水を売る国があり、またカナダの企業のようにアラスカの水を中国に輸出しようとする動きもあります。あるいは、アイスランドのように、燃料電池などエネルギー源としての水の利用計画を今後の政策としている国もあります。古来、日本は日常生活の中で雨に親しみ、豊富な雨水をうまく利用してきた国です。最近は、雨水の利用が様々な建物、家屋で改めて試みられるようになりました。地球上の水の貧富の差が拡大する「水の世紀」において、貴重な日本の雨や雪に日本人がどのように接し、また、日本の長期戦略として雨や雪とどのように共生していくのか、それらは今後ますます大切なことになってくると考えられます。

解説　「雲をつかむ研究」の第一人者

藤吉康志

『雨の科学』は、私の名古屋大学時代の指導教官であった武田喬男先生が、その最晩年に自らの研究を一般読者向けに書き下ろされたもので、成山堂書店から「気象ブックス」の一冊として二〇〇五年五月に初版が発行されました。

雨をテーマとした書物は数多くありますが、本書はそうした類書のなかでもとりわけなめらかに読み進めることができると同時に、雨を構成する個々の雨粒を強く意識した独自の視点から「雨の科学」を俯瞰することで、身近な「雨」という現象の奥深さまで感じさせてくれる良書です。出版から一四年が過ぎた現在でも本書から新たに学ぶことはあれ、書き直すべきことはほとんどありません。しかし、先生がご存命ならば必ずや書き加えたであろう事柄については、本解説の後半に追記します。

「雨の科学」事始め

学術文庫化にあたって、本書のような優れた入門書を執筆された先生の研究の原点を探るべく、一九六二年から七一年にかけて英文ジャーナルに発表された初期の論文をあらためて読み直しました。ここでは、これら一連の研究が生み出された学術的背景と今日的意義について簡単に解説します。（以下の文中では武田先生以外の方々の敬称は略させていただきます）

先生が大学院生時代に与えられた研究課題は、本書の第1章で「人工降雨で雲から雨を降らした時、雲の下の蒸発により雨はどの位少なくなるかを数値計算により知ること」と書かれています。この課題は一見簡単そうですが、指導教授であった正野重方《しょうのしげかた》が研究の進行状況を聞きに来る時間に合わせて屋上へ逃げざるを得ないほど、当時のコンピューターの性能では複雑かつ困難な数値計算でした。

正野重方は東京帝国大学理学部の教授であった寺田《てらだ》寅彦《とらひこ》の影響を受けて気象学にも興味を持ち、一九三四年に卒業後、就職先の中央気象台で研究を行っていました。その後、中央気象台長と東京帝大教授を兼任していた藤原咲平《ふじわらさくへい》の後任として一九四四年に助教授となり、東京大学教授となった一九四八年から在職中に亡くなる一九六九年まで、小倉義光《おぐらよしみつ》を始めとした後に世界と日本の気象学を牽引するあまたの英才を輩出した世に言う「正野スクール」を率いて、気象庁の数値予報を大きく前進させた知の巨人です[1]。

正野重方がもっとも得意とするところは、「気象力学」でした。一方、同じ気象学講座で「雲物理学」を担当していたのが助教授の礒野謙治《いそのけんじ》でした。礒野謙治は正野重方の東大理学部における後輩で、気象研究所から東大に移った後、東京電力の依頼を受けて一九五一年から約一五年続いた人工降雨実験を主導しました。同時期、九州電力は九州大学と、関西電力は大阪大学と、東北電力は東北大学と共同して人工降雨実験を行っていました。[2] 武田先生は、東大で人工降雨の実験的研究が行われていた最中の一九六〇年に気象学研究室に所属しました。したがって、先生に与えられた当初の研究目的は、確かに「雲底から地上までの雨滴蒸発量の見積もり」だったと推察されます。

ところが、一九六二年に掲載された論文の「はじめに」に書かれた研究目的は、「これまで別々に研究が進められてきた力学過程（雲を発生させる大気の流れの研究）と雲物理過程（雲内で雲粒や雨粒が形成される物理過程の研究）の相互作用を明らかにすることである」となっており、当初の研究目的とは一見全く異なった極めて野心的なものでした。さらに、「局地豪雨、雷雲の発達要因、雷雲がもたらす強い下降流、スコールラインの形成メカニズムを解明するためには、雲底下での雨滴の蒸発過程を明らかにしなければならない」と研究の必要性が書かれています。通常、学生の最初の論文は指導教官が筆頭著者となるので、このような野心的な研究テーマを先生お一人で書いたとは思えませ

学生時代の武田先生（左）、池邉幸正（後に名大工学部教授、中央）、礒野謙治（右）。1960年撮影。写真提供・武田敦子夫人

んが、「雨が落下中に蒸発する」という極めて日常的な現象から出発して、後に激しい降水をもたらす積乱雲の発生・維持過程に本質的な役割を果たすことが明らかとなった「雨滴と対流の相互作用」まで見通した慧眼には驚嘆すると同時に、この「はじめに」には、正野重方から先生への大きな期待が込められたものと推察できます。

スーパーセル形成のメカニズム解明

上記論文が出た一九六二年には、当時イギリスの新進気鋭の気象学者で、後にイギリス王立気象学会の会長となったキース・ブラウニングが、大きな雹《ひょう》や竜巻をもたらす「スーパーセル」に関しての観測事実をまとめ、積乱雲内部の気流構造の概念図を提出した記念碑的論文[3]を発表しました。「スーパーセル」は二〇〇六年一一月七日に北海道の佐呂間町若佐で竜巻が発生して以降、日本各地で竜巻が発生する度にその原因としてマスコミでも頻繁に使われるようになりましたが、当時はなぜそのような気流構造が維持されるのかということが未解明でした。

先生はこの問題に早速チャレンジされ、一九六五年には「風の垂直シアーがある大気中で対流雲内に生成される下降気流および対流系の維持に対するその役割」、一九六六年には「対流雲内の下降気流と雨滴：数値計算」を日本気象学会の英文誌に発表しました。そしてついにNumerical Simulation of a Precipitating Convective Cloud: The Formation of a “Long-Lasting” Cloud（降水をもたらす対流雲の数値シミュレーション：〝長続きする雲〟

の形成）を一九七一年のアメリカの気象学会誌 Journal of the Atmospheric Sciences に発表しました。この数値計算は、二次元モデルとはいえ、「スーパーセル」の生成・維持過程の本質を見事に説明したものでした（詳細は、本文の第7章「生物のような積乱雲」をご覧ください）。

この業績によって一九七三年度の日本気象学会賞を受賞され、若くして世界も認める「雲力学」研究の第一人者となりました。この計算は、一九六八年から七〇年にかけて滞在されたカナダのマギル大学で行ったものです。先生によれば「個別のプログラムはすでに完成していて、後は、全てのプログラムをつなげて計算できる高性能なコンピューターさえあれば良かった」という状態だったので、「カナダに着いてすぐに計算が終わり、後は、外国生活を楽しみながら論文を書いていた」そうです。特筆すべきことは、これらの三本の論文の著者名が全て単名であり、正野重方の名前は謝辞にも出てこないことです。このことは、先生がすでに恩師から学問的に独立した研究者であったことを如実に示しています。

名古屋大学における雨の研究

先生は、一九六一年に東大から転出した礒野謙治教授と正野スクールの駒林《こまばやし》誠《まこと》助教授が所属する名古屋大学理学部附属水質科学研究施設「水圏物理学部門」に、助手として一九六四年に採用されました。この水質科学研究施設（初代施設長は菅原健《すがわらけん》）は一九五七年に設置され、当初は「無機化学部門」一部門のみでしたが、その後、「水圏代謝部門」、上記の「水圏物理学部門」（雷の研究で有名な高橋劭《たかはしつとむ》も助手として一時所属）、「有機化学部門」（二〇〇八年にノーベル化学賞を受賞した下村脩《しもむらおさむ》も一時所属）と次々に増設され、一九六六年に「降水物理学部門」が増設された際には礒野、駒林、武田が振り替えられ、「水圏物理学部門」には北海道大学から、中谷《なかや》宇《う》吉郎《きちろう》門下で、後に氷河研究で有名となった樋《ひ》口《ぐち》敬二《けいじ》が着任しました。本施設は一九七三年に「水圏科学研究所」に昇格し、一九九三年には全国共同利用の「大気水圏科学研究所」に改組されました。

武田先生は数値モデルを用いた研究から出発されましたが、現実に起こっている現象あるいは未知の現象をとらえる観測の重要性を強調され、国内外で最新の気象レーダーを用いた移動観測や航空機観測などを実施し、「雲や雨の観測」といえば名大・水圏研といわれるまでに、同僚の研究者と力を合わせて研究所を発展させました。ちなみに私は一九七四年から八一年まで、本研究所に院生・研究生として在籍し、国内外の降雨・降雪観測に参加しました。その後、一九八一年から九〇年まで北大・低温科学研究所で助手、一九九〇年から九六年まで水圏科学研究所および改組後の大気水圏科学研究所で助教授を務め、一九九六年に再度北大・低温研へ「雲科学分野」の教授として戻りました。それは、名大・大気水圏研以外にも観測研究拠点の柱を増やしたいという心境からでした。

大気水圏科学研究所は、二〇〇〇年に武田先生が定年退官された後、国の直轄研究所である「総合地球環境学研究所」に定員を振り替えたため、二〇〇一年にプロジェクト推進型の「地球水循環研究センター」へ規模が縮小されました。さらに二〇一五年には、学内の他組織である「太陽地球環境研究所」および「年代測定総合研究センター」と統合して「宇宙地球環境研究所」となりましたが、降水観測の伝統は、観測装置および数値モデル共に大幅にバージョンアップしながら引き継がれています。

近年の動向

ここで、先生がご存命ならば必ずや書き加えたであろう事柄に軽く触れておきます。第一に挙げるべきことは、やはり本書の第14章にも書かれている〝地球温暖化〟問題に対する雲の役割です。本書が書かれて以降、雲を観測するための高感度のリモートセンサーを搭載した人工衛星が打ち上げられ、三次元「雲解像」全球モデルを走らせることが可能な地球シミュレーターや京コンピューターといったスーパーコンピューター、さらには量子コンピューターすら開発されていますが、IPCC（気候変動に関する政府間パネル）が二〇一三年に作成した最新の第五次評価報告書においても、将来の気温予測に対する最大の不確実性は相変わらず「雲」となっており、人工降雨ばかりではなく人工的に雲量を変化させようとする技術なども真面目に議論されており、今後も「雲をつかむ研究」が必要とされています。

〝地球温暖化〟に伴い、大気中に含まれる水蒸気量も増加しています。多量の水蒸気は結果として多量の雨を地上にもたらすことになります。問題は、雨量が空間的に一様に増加するのではなく、雨の偏在化が強まっている、すなわち、降らないところは極端に雨が少なく、降るところは極端に雨が多いことです。その理由は、先生が説明されたように、いったん発生した積乱雲はその周辺に新たな積乱雲を発生させやすい性質（メカニズム）を持っているからです。ここ数年、マスコミで盛んに〝線状降水帯〟という用語が使われていますが、本書第8章にも書かれているように集中豪雨をもたらす〝線状に並ぶ積乱雲の群〟としてこれまでも知られていたものです。ゲリラ豪雨という言葉も同様で、先生は一九七二年七月に発生した西三河東濃地区豪雨に対してこの言葉を使われています。すなわち、豪雨そのものの質が以前と変化したわけではなく、その頻度・強さが増えています。

本書出版以降、ＩｏＴの急激な発展によって、高精度・高品質な気象情報が短時間に提供されています。その代表的なものが、国土交通省が日本全国に展開しているＸＲＡＩＮと呼ばれる雨量観測システムで、その主力観測装置がマルチパラメータレーダーです。詳細は省きますが、このレーダーは本書の第1章に書かれている〝雨滴の大きさによって形が異なること〟、第2章に書かれている〝雨の強さによって雨粒の大きさ分布が異なること〟を利用して、従来の気象レーダーよりも格段に雨量の測定精度が向上しています。

このレーダーは一九八〇年代にすでに開発が始まっていましたが、二〇〇八年に日本各地で発生した都市型豪雨災害をきっかけとして二〇〇九年以降一気に整備が進みました。これらに加えて、気象庁の現業レーダーのドップラー化も二〇一三年度でほぼ終わりました[4]。そのため、もはや、各大学や研究機関ごとに観測用レーダーを所有せずとも、以前と同レベル以上のデータを入手できるようになり、研究も予報レベルも高度化しています。その一方、残念ながら、必ずしも気象災害による被害が減っているわけではなく、「人を動かす適切な情報提供」が新たな問題となっています。

武田先生の素顔

折角の機会ですので、ごく簡単に先生の人物紹介をさせていただきます。
先生はご自身のことを〝生粋の江戸っ子〟とやや自慢げに話しておられ、外では大股で颯爽と歩く背広が似合うダンディな方でした。一方、研究室では作業服に着替え、暑い夏の名古屋をあえてエアコン無しの部屋で過ごし、肩にかけたり腰にぶら下げたりした手拭いで流れる汗を拭いておられました。また、イラスト描きに長けておられ、本書にも挿入されている研究結果をまとめた概念図は大変に分かりやすく、多くの解説書に転用されています。先生はもともと胃腸が弱く、最初の東大受験中に胃痛を起こしたそうで、合格するためには勉強よりも健康管理ということで浪人時代は縄跳びなど体力作りを主にやっていたそうです。その後も、縄跳びはもちろん、逆立ちや通勤時の早歩きなどを日課にされていました。もちろん、ご家族思いでよほどのことが無い限り定時に帰宅され、録画した野球観戦を楽しみにしておられましたが、ご贔屓《ひいき》であった巨人の敗戦が濃厚になるにつれて剣呑《けんのん》な雰囲気が漂ってきた、とご家族の方から伺っています。時には、奥様と研究所で待ち合わせてから街におでかけになり、古いレコードの収集や映画鑑賞などをされていました。その際、奥様が持参されたお菓子は、我々学生達を口福感で満たしてくれました。

本書の原本が刊行される一年あまり前の二〇〇四年二月九日に、先生は六七歳の生涯を静かに閉じられました。「はじめに」で先生が書いておられますように、本書の原稿は病棟でほとんど資料のない状態で書き下ろされたものです。病名は「急性白血病」で、病院生活のほとんどを無菌室で過ごされました。紙ですら殺菌したものでなければ使わせてもらえないため、奥様がやっとの思いで毎日二枚ずつ病室に持ち込まれたとのことです。このような状況で、少しのスペースも無駄にすることなく、原稿は紙にびっしりと理路整然と書かれていました。また、手書きの原稿は、ご子息の泰斗君がパソコンに順次入力されたと伺いました。

*

先生の草稿が私の手元に届いたのが二〇〇三年一〇月三日で、その後にコメントをお送りしましたが、すでに病状が悪化されて書き直しをされる余力は残っておられませんでした。実は、編集者の方から、分量が多いため一割程度削って欲しいという依頼がありましたが、先生が文字通り命を削って書かれた原稿ですので、私としては一字一句削れない心境で、最低限の修正・加筆にとどめました。ただ、各章ごとの文は驚くほど完成度が高く、何度読み直しても一割も削れる箇所はありませんでした。結果的には、ほとんど文章も図も減らすことなく出版できました。ご無理をきいていただいた成山堂書店の皆さん、また、図の出典調べなどに協力していただいた当時の武田研究室関係者の皆さんに、あらためて感謝いたします。

このたび、講談社の梶慎一郎氏からの依頼で実現した学術文庫版で、より多くの方々に本書が広く読み継がれることを願って止みません。

（北海道大学名誉教授）

参考文献
（1）『人と技術で語る天気予報史―数値予報を開いた〈金色の鍵〉』古川武彦、東京大学出版会、二〇一二年
（2）『人工降雨―渇水対策から水資源まで』真木太一・鈴木義則・脇水健次・西山浩司編、技報堂出版、二〇一二年
（3）Browning, K. A. and F. H. Ludlam, 1962: Airflow in convective storms. Quartery Journal of the Royal Meteorological Society, 376(88), 117-135.
（4）「気象レーダー60年の歩みと将来展望」石原正仁・藤吉康志・上田博・立平良三編、「気象研究ノート」第二三七号、日本気象学会発行

〈た行〉

〈な行〉

〈は行〉

〈ま行〉

〈や・ら行〉

索　引

本書の原本『雨の科学――雲をつかむ話』は、二〇〇五年、成山堂書店より
刊行されました。

武田喬男（たけだ　たかお）

1936年，東京都生まれ。東京大学理学部物理学科卒業。名古屋大学大気水圏科学研究所教授などを経て，名古屋大学名誉教授。また，日本気象学会理事，学術会議気象学研究連絡委員会委員，日本ユネスコ国内委員会委員，鳥取環境大学環境情報学部教授なども務める。日本気象学会賞（1973年），日本気象学会藤原賞（2001年）を受賞。2004年没。正四位瑞宝中綬章（没後叙勲）。著書に『水循環の科学』，共著書に『水の気象学』ほか。

講談社学術文庫

定価はカバーに表示してあります。

雨《あめ》の科学《かがく》

武田《たけだ》喬男《たかお》

2019年5月9日　第1刷発行
2019年11月11日　第2刷発行

発行者　渡瀬昌彦
発行所　株式会社講談社
東京都文京区音羽 2-12-21 〒112-8001
電話　編集（03）5395-3512
販売（03）5395-4415
業務（03）5395-3615

装　幀　蟹江征治
印　刷　株式会社廣済堂
製　本　株式会社国宝社
本文データ制作　講談社デジタル製作

© Atsuko Takeda　2019　Printed in Japan

落丁本・乱丁本は，購入書店名を明記のうえ，小社業務宛にお送りください。送料小社負担にてお取替えします。なお，この本についてのお問い合わせは「学術文庫」宛にお願いいたします。
本書のコピー，スキャン，デジタル化等の無断複製は著作権法上での例外を除き禁じられています。本書を代行業者等の第三者に依頼してスキャンやデジタル化することはたとえ個人や家庭内の利用でも著作権法違反です。Ⓡ〈日本複製権センター委託出版物〉

ISBN978-4-06-515651-3

「講談社学術文庫」の刊行に当たって

これは、学術をポケットに入れることをモットーとして生まれた文庫である。学術は少年の心を養い、成年の心を満たす。その学術がポケットにはいる形で、万人のものになることは、生涯教育をうたう現代の理想である。

こうした考え方は、学術を巨大な城のように見る世間の常識に反するかもしれない。また、一部の人たちからは、学術の権威をおとすものと非難されるかもしれない。しかし、それはいずれも学術の新しい在り方を解しないものといわざるをえない。

学術は、まず魔術への挑戦から始まった。やがて、いわゆる常識をつぎつぎに改めていった。学術の権威は、幾百年、幾千年にわたる、苦しい戦いの成果である。こうしてきずきあげられた城が、一見して近づきがたいものにうつるのは、そのためである。しかし、学術の権威を、その形の上だけで判断してはならない。その生成のあとをかえりみれば、その根は常に人々の生活の中にあった。学術が大きな力たりうるのはそのためであって、生活をはなれた学術は、どこにもない。

開かれた社会といわれる現代にとって、これはまったく自明である。生活と学術との間に、もし距離があるとすれば、何をおいてもこれを埋めねばならない。もしこの距離が形の上の迷信からきているとすれば、その迷信をうち破らねばならぬ。

学術文庫は、内外の迷信を打破し、学術のために新しい天地をひらく意図をもって生まれた。文庫という小さい形と、学術という壮大な城とが、完全に両立するためには、なおいくらかの時を必要とするであろう。しかし、学術をポケットにした社会が、人間の生活にとってより豊かな社会であることは、たしかである。そうした社会の実現のために、文庫の世界に新しいジャンルを加えることができれば幸いである。

一九七六年六月　　　　野間省一